Viktor Kuzmin
Lyudmila Ognichenko

DOMÍNIO DA INFORMAÇÃO MOLECULAR

Viktor Kuzmin
Lyudmila Ognichenko

DOMÍNIO DA INFORMAÇÃO MOLECULAR

ASPECTOS FUNDAMENTAIS E APLICAÇÕES

ScienciaScripts

Cover image: www.ingimage.com

This book is a translation from the original published under ISBN 978-620-6-15502-7.

Publisher:
Sciencia Scripts
is a trademark of
Dodo Books Indian Ocean Ltd. and OmniScriptum S.R.L publishing group

120 High Road, East Finchley, London, N2 9ED, United Kingdom
Str. Armeneasca 28/1, office 1, Chisinau MD-2012, Republic of Moldova, Europe
Printed at: see last page
ISBN: 978-620-8-27831-1

Conteúdo

INTRODUÇÃO 2
CAPÍTULO 1 3
CAPÍTULO 2 26
CAPÍTULO 3 47
CAPÍTULO 4 78
Conclusões 99
LISTA DE REFERÊNCIAS 101
APÊNDICES 108

INTRODUÇÃO

Com o desenvolvimento da sociedade humana, o papel da informação na vida humana aumentou significativamente, e com o advento dos computadores, o volume de informação processada aumentou significativamente. A informação penetra com confiança em todas as esferas da atividade humana, pelo que é necessária uma avaliação quantitativa da informação contida no objeto de investigação.

Em química orgânica, a construção de vários índices de informação que caracterizam quantitativamente a estrutura molecular é de grande importância, o que desempenha um papel essencial na codificação da informação estrutural e permite a formação óptima de bases de dados. Atualmente, uma das tarefas mais importantes da química orgânica teórica moderna é também o estudo do problema da relação quantitativa estrutura-propriedade dos compostos orgânicos (QSAR/QSPR - Quantitative Structure - Activity/ Property Relationship). A solução deste problema é de indubitável interesse, uma vez que permite a síntese intencional de compostos que possuem, com um elevado grau de probabilidade, as propriedades indicadas.

A utilização de tecnologias informáticas e de informações que caracterizam os objectos de investigação abre a possibilidade de realizar não só um rastreio preliminar, mas também a conceção molecular de substâncias orgânicas que exibem uma ou outra propriedade com base nas regularidades reveladas. Tudo isto permite reduzir significativamente o enorme dispêndio de tempo e recursos necessários para o desenvolvimento de novas substâncias com um conjunto de propriedades específicas.

Assim, é atualmente atual o desenvolvimento de métodos que permitam gerar novos tipos de parâmetros que reflictam informações sobre os objectos estudados e utilizar caraterísticas de informação como descritores estruturais para resolver vários problemas de "estrutura-propriedade".

Os autores da monografia desenvolveram um conceito original de campo de informação (FI) de uma molécula, que abre uma nova visão da molécula como um objeto que forma informação no espaço circundante. Neste sentido, o conceito de PI ultrapassa a química e pode ser aplicado a qualquer objeto (corpo físico). No entanto, os autores são químicos orgânicos profissionais e, por isso, centraram a sua atenção em aspectos fundamentais da estrutura molecular e da sua influência nas propriedades dos compostos orgânicos, utilizando as possibilidades do conceito de PI desenvolvido.

Deve ser especialmente salientado que o conceito proposto não utiliza quaisquer teorias esotéricas, fenómenos sobrenaturais e afins. O nosso conceito de PI baseia-se apenas em ideias científicas naturais, que se baseiam na abordagem probabilística de Shannon para medir a quantidade de informação.

O principal objetivo do nosso livro é mostrar as possibilidades do conceito de FE desenvolvido para resolver uma variedade de problemas químicos. Dada a universalidade do nosso conceito, esperamos que especialistas de outras áreas possam transformar as nossas ideias para os seus problemas onde outros objectos (não moleculares) são considerados.

CAPÍTULO 1

ESTRUTURA MOLECULAR EM TERMOS DE TEORIA DA INFORMAÇÃO

1.1 Teoria da informação em química orgânica

O termo "informação" é conhecido pela humanidade desde a antiguidade. Em latim, significa "explicação", "declaração".

Com o desenvolvimento da humanidade, a necessidade de as pessoas trocarem informações entre si, bem como a necessidade de preservar as informações disponíveis, tem aumentado continuamente. Esta necessidade foi concretizada com a invenção da escrita, da rádio, do telefone, da televisão e de outras formas de transmissão de informação, bem como com a criação de vários dispositivos que registam ou armazenam informação. Como consequência, surgiu toda uma ciência que estuda a informação, as formas da sua transmissão, armazenamento e processamento.

Mas o que é a informação? Atualmente, não é muito fácil responder a esta pergunta e as definições deste conceito disponíveis na literatura científica são muito diversas e contraditórias. Alguns investigadores consideram a informação como um conjunto de informações sobre determinados fenómenos [1-6], e outros consideram a informação como uma medida quantitativa da ordenação das estruturas, ou seja, como uma medida da organização do sistema [7-13]. Qualquer fenómeno natural conhecido corresponde à informação humana sobre esses fenómenos. No entanto, embora a informação "pertença" sempre a um determinado objeto portador, isso não decorre diretamente da sua natureza (não é determinado pela sua essência), ou seja, a qualidade da informação é relativamente independente da natureza do objeto portador dessa informação. É esta relatividade que leva ao facto de a mesma informação poder ser transmitida por telefone ou televisão, registada numa fotografia, escrita em papel, gravada numa rocha ou armazenada na memória. Assim, todos os fenómenos naturais podem existir quer diretamente, ou seja, na sua forma material inerente, quer indiretamente, através de objectos portadores especiais. Uma vez que a informação sobre um determinado objeto tem uma expressão material diferente do fenómeno em si, não pode possuir todas as propriedades desse fenómeno, não é idêntica, mas apenas corresponde a ele. Podemos dizer que a informação é a existência de vários fenómenos sob a forma de mostradores ou mensagens [14].

A informação pode ser considerada como a essência da vida, a essência da diversidade de espécies das formas naturais, a essência da qualidade das capacidades humanas [15]. A informação pode preservar e destruir a saúde, formar processos cataclísmicos naturais, conflitos militares, desastres ecológicos. A informação constrói a vida no seu ser e no seu acontecer, na sua tensão e criticidade. Neste sentido, é necessário proteger e gerir a informação para resolver os problemas da humanidade, incluindo os que se situam na esfera da saúde, da ecologia e do auto-desenvolvimento criativo.

O aparecimento da moderna teoria da informação remonta a 1948. Foi nesse ano que foi publicada a famosa obra de K. Shannon "Mathematical Theory of Communication", na qual é dada uma fórmula para determinar a quantidade de informação contida numa qualquer mensagem [16]. Informação e incerteza são termos que descrevem qualquer processo que possa ser representado como um conjunto de objectos. Se existe alguma incerteza, para obter informação é necessário eliminar essa incerteza e quanto maior for a incerteza, mais informação é necessária para a eliminar. A informação é uma redução da incerteza do recetor (ou máquina molecular). Assim, podemos medir a quantidade de informação através da medição da incerteza, que é uma caraterística constante da probabilidade do estado dos sistemas.

Com qualquer transformação espontânea na natureza, a desordem tende a aumentar, a entropia aumenta. Precisamos de informação para reduzir a entropia e, por conseguinte, quanto maior for a entropia, mais informação é necessária para a "orientação" [17]. Sabe-se que o que é homogéneo, sem diversidade, não pode conter informação. A ciência da informação estuda o que pode ser realizado devido ao grau de diversidade de qualquer sistema ou fluxo de energia [18].

As definições dos conceitos básicos da teoria da informação são dadas por Schneider no Glossário da Teoria da Informação [19].

1.1.1 Aplicação da teoria da informação à caraterização da diversidade estrutural das moléculas.

O mundo das moléculas caracteriza-se por uma grande diversidade. As moléculas de compostos orgânicos são caracterizadas por três parâmetros principais: composição, estrutura e propriedades. Um dos principais problemas da química, da física e de outros domínios da ciência é o problema da relação entre composição, estrutura e propriedades, que está intimamente relacionado com a questão do caos e da ordem e a relação entre eles.

A tríade composição - estrutura - propriedades deve ser complementada por uma caraterística numérica integral (escalar) de uma molécula, que reflecte a sua estrutura, por um lado, e é simultaneamente uma caraterística do caos e da ordem e da sua correlação, por outro. Neste caso, torna-se possível não só descrever moléculas individuais da forma mais completa, mas também efetuar a sua sistematização geral e comparação em diferentes séries com a ajuda da moderna teoria da informação e da teoria dos grafos moleculares. A ciência esforça-se por representar estes parâmetros sob a forma de algumas certezas quantitativas. Pode encontrar-se uma medida numérica bastante rigorosa para a composição elementar ou isotópica de uma molécula. Cada uma das suas propriedades - quer se trate do conteúdo térmico ou do potencial de ionização, da basicidade ou da polarizabilidade, do momento de dipolo ou da cor - é descrita por uma quantidade. No que respeita à estrutura, é preciso dizer que não existe uma medida quantitativa e numérica que caracterize o aspeto estrutural de uma molécula.

Para o químico, a estrutura de uma molécula é um modelo geométrico, uma construção espacial, embora possua em si alguns índices mensuráveis, como as distâncias interatómicas ou os ângulos de ligação, mas carece de uma caraterização quantitativa integral.

Assim, o problema reduz-se à tentativa de encontrar um valor abstrato que descreva a estrutura molecular de uma forma integral. Tal valor, aparentemente, deveria fixar as peculiaridades da estrutura, as diferenças de uma estrutura molecular em relação a outra, a sua diversidade e variedade; deveria ser uma medida de uma certa ordem inerente a um dado agregado multi-atómico.

Em ciências naturais, a entropia é uma medida conhecida das heterogeneidades e diferenças existentes num sistema, uma medida da sua irregularidade e diversidade. Sem rejeitar de forma alguma as possibilidades contidas na entropia termodinâmica como caraterística da estrutura molecular, é possível utilizar uma outra medida de ordenação, que foi proposta por K. Shannon e por ele definida como a entropia da informação [16]. Shannon e definida por ele como entropia da informação [16].

Em 1928, Hartley, um engenheiro americano, propôs-se quantificar ou medir a diversidade de um conjunto de acontecimentos. Traduzindo o raciocínio de Hartley para a linguagem química, perguntemo-nos: qual é a medida da diversidade da composição de uma molécula típica de aminoácido constituída por átomos de carbono, hidrogénio, oxigénio e azoto? É evidente que os átomos de um aminoácido se apresentam em quatro variedades. Por outras palavras, se fizermos uma experiência para determinar o elemento da composição qualitativa de um aminoácido, essa experiência tem 4 resultados possíveis.

Suponhamos agora que realizamos uma experiência em que podemos detetar apenas um dos elementos que compõem um aminoácido. Neste caso, estamos perante uma situação de incerteza antes de iniciar a experiência, uma vez que o elemento detectado pode ser qualquer um dos quatro. Para determinar o grau de incerteza de uma experiência com *k* resultados diferentes, Hartley propôs o valor *log k* como medida quantitativa [20]. Assim, para um aminoácido típico, a medida da diversidade qualitativa é $log4 = 0,6021$.

Note-se que esta abordagem é limitada, pois não permite distinguir de forma alguma um aminoácido de outro. A abordagem de Hartley não faz distinção entre a quantificação de diferentes resultados: um químico diria que ignora os dados de análises quantitativas de diferentes elementos.

Será possível ter em conta as diferenças quantitativas entre os resultados individuais da experiência se seguirmos Shannon e introduzirmos a entropia da informação por ele estabelecida como medida de diversidade. $_2$Consideremos uma experiência com resultados possíveis *A1, A ... ...* $_{k2}$, *A* Sejam *p(A1), p(A), ...* $_k$, *p(A) são as* probabilidades dos resultados individuais da experiência. De acordo com Shannon, uma incerteza igual a *-log p(Ai)* deve ser atribuída a cada resultado *A 1 da* experiência *a*. Para todos os resultados possíveis, o valor *H(a), que* é a soma das incertezas de todos os resultados possíveis, é introduzido como uma medida de incerteza.

$$H(\alpha) = -p(A_1)\log p(A_1) - p(A_2)\log p(A_2) - \dots p(A_k)\log p(A_k) =$$

$$= -\sum_{i}^{k} p(A_i)\log p(A_i).$$

$_i$Obviamente, quando todos os *p(A)* são iguais, a entropia da informação de Shannon reduz-se à fórmula de Hartley.

Apliquemos agora a fórmula de Shannon aos aminoácidos. Comparemos, por exemplo, dois deles: a glicina (C2H5O2N) e a glutamina (C5H1OO3N2). O resultado da experiência é agora determinado pela probabilidade de encontrar um ou outro átomo entre todos os átomos que compõem a molécula. Para a glicina:

$$H_{глицин} = -(2/10)\log(2/10) - (5/10)\log(5/10) - (2/10)\log(2/10) -$$

$$- (1/10)\log(1/10) = 0,5611.$$

Para a glutamina:

$$H_{\text{глутамин}} = -(5/20)log(5/20) - (10/20)log(10/20) - (3/20)log(3/20) - (2/20)log(2/20) = 0,5242.$$

Os resultados obtidos mostram que a entropia de informação destas moléculas é diferente. É também de notar que é inferior ao valor da entropia de Hartley.

Coloca-se a questão de saber por que razão a medida introduzida por Shannon se chama entropia da informação. Este problema é analisado em pormenor em [17, 21]. Vamos abordá-lo analisando o comportamento da função *H*. Imaginemos que apenas um de todos os resultados possíveis da experiência se realiza. Então, para ele, $p\ logp = log\ 1 = 0$. Mas todos os outros somatórios também se tornam zero, uma vez que para todos eles $p = 0$. Como resultado, obtemos $H = 0$, o que significa a ausência de qualquer incerteza da experiência.

Se todos os resultados forem igualmente prováveis, ou seja, todos os $pi = p$, então o valor de *H* atinge o seu máximo.

A Figura 1.1 mostra a curva de entropia de Shannon. Quando todos os átomos são iguais, digamos *X*, a entropia é *0*. Se os átomos mudam (ou seja, são reatribuídos) de *X* para *Y*, a entropia aumenta até atingir um valor máximo quando o número de átomos Xi *Y* é o mesmo. O valor da entropia diminui então à medida que os restantes átomos *X* são alterados, "convertendo-se" em átomos *Y* até não restarem quaisquer átomos *X* e todos os átomos serem rotulados como *Y*.

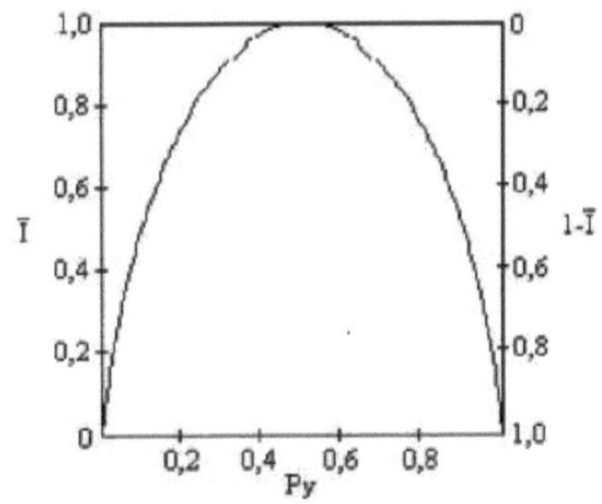

Fig.1.1 Curva de entropia de Shannon.

A entropia física *S* comporta-se de forma semelhante: é mínima no máximo desalinhamento do sistema e tende para o máximo quando quaisquer diferenças e inomogeneidades no sistema desaparecem. Chama também a atenção para o facto de a expressão analítica de *H ser* semelhante à definição de entropia de Boltzmann. Boltzmann associou a entropia à quantidade de desordem no sistema e à "perda de informação". Shannon generalizou este conceito para incluir todos os tipos de informação, e Movšović relacionou-o com a complexidade dos grafos [22]. A relação entre complexidade e desordem implica que quanto mais desordenado for um sistema, mais complexo é o problema da sua descrição (ou seja, é necessária mais informação).

A função Shannon descreve a incerteza do resultado da nossa experiência, determinando assim a quantidade de informação que acabamos por receber. P. Chambadal observou que, em geral, o valor de *H* denota a falta de informação antes de resolver um problema ou, o que é o mesmo, a informação que recebemos depois de resolver a tarefa [23].

A relação entre entropia e informação é revelada nos trabalhos de A.N. Kolmogorov [24, 25]. Seja uma variável capaz de assumir valores pertencentes a um conjunto finito *X*, que consiste em *N* elementos. Então a entropia da variável *x* é igual a:

$$H(x) = log2N.$$

Ao especificarmos um determinado valor de $x = a$ *para* a variável *x*, eliminamos esta entropia comunicando informação:

$$I = log2N.$$

$_2$Se as variáveis *x1* , *x* , ... $_{K2}$x são capazes de percorrer independentemente conjuntos que consistem em *N1, N* , ... , respetivamente. $_K$, *N* elementos, então

$$H(x_1, x_2, \dots x_K) = H(x_1) + H(x_2) + \dots + H(x_K).$$

A conclusão de A. N. Kolmogorov de que os conceitos básicos da teoria da informação podem ser justificados sem recurso à teoria das probabilidades e de tal forma que os conceitos de "entropia" e "quantidade de informação" acabam por ser aplicáveis a objectos individuais [25] é extremamente importante para nós.

Outra condição importante para a aplicação da teoria da informação aos objectos de investigação é a forma de distinguir esses objectos. W. Ashby [26] chamou a atenção para esta circunstância: "A diferença é a base objetiva da informação". Sem dúvida, ao determinar a entropia da informação, é necessário estipular especificamente quais as caraterísticas, os critérios de distinção que são tidos em conta.

A necessidade de distinguir rigorosamente a caraterística, com base na qual a caraterística de um objeto é fixada, levou à formulação do princípio da assinatura em biologia [18]. Este princípio, formulado por G. Kastler, permite medir a informação selecionando num objeto apenas uma parte das suas caraterísticas inerentes, um sinal, uma marca. Neste caso, Kastler parte do facto de que, na maioria dos casos reais, é necessário ter em conta apenas uma parte das caraterísticas inerentes ao objeto para transferir a informação contida num objeto biológico [18]. V.M. Glushkov, no seu trabalho [27], também expressou a ideia de que qualquer heterogeneidade transporta alguma informação e, ao mesmo tempo, esta heterogeneidade deve ser rigorosamente fixada na sua forma qualitativa.

O acima mencionado permite-nos abordar a solução de problemas químicos específicos relacionados com a estrutura de uma molécula.

A estrutura de uma molécula pode ser simplificada se a considerarmos do ponto de vista da teoria dos grafos [28, 29]. Um grafo é uma representação de um conjunto de pontos para os quais é especificado o modo de ligação entre eles. Um grafo $G = (V,E)$ é constituído por um conjunto finito *V*, cujos elementos são designados por vértices, e um conjunto *E* de subconjuntos de dois elementos de *V*; os elementos do conjunto *E* são designados por arestas.

As estruturas moleculares são, de facto, grafos em que os átomos são representados por vértices e as ligações químicas covalentes por arestas. O número de arestas cuja extremidade é um determinado vértice é designado por grau. Dois vértices podem ser ligados por várias arestas, e então essas arestas são chamadas de múltiplas. Este grafo descreve a conetividade dos átomos no esqueleto molecular independentemente das propriedades métricas, ou seja, distância internuclear de equilíbrio, ângulos de valência, etc., correspondentes a uma dada estrutura química. Consequentemente, a descrição da teoria dos grafos reflecte as caraterísticas da estrutura molecular que dependem da conetividade, por oposição às propriedades devidas à disposição geométrica precisa dos átomos constituintes da molécula no espaço. É neste sentido que os grafos químicos são representações topológicas (e não geométricas) das estruturas moleculares [30]. Os grafos moleculares são grafos de um tipo especial, e o principal problema é atribuir um código a cada vértice de modo a que dois grafos *G1* e *G2* tenham o mesmo código se e só se *G1* = *G2*.

Consideremos o processo de transição da estrutura química para o gráfico molecular com base no exemplo do pirano:

Nesta transição, os átomos de hidrogénio transformaram-se em vértices de primeiro grau; o átomo de oxigénio - num vértice de grau 2 e os átomos de carbono - em vértices de grau 4. As ligações químicas simples transformaram-se em arestas simples, e as ligações duplas apareceram sob a forma de arestas múltiplas.

Um grafo que pode ser representado no plano de forma a não conter intersecções de arestas é designado por grafo planar. Os grafos químicos são normalmente classificados como grafos planos. Uma sequência de arestas que se seguem umas às outras é designada por cadeia. Se dois vértices de um grafo estiverem ligados por uma cadeia, esse grafo é designado por grafo ligado. Utilizando as definições propostas, podemos descrever muitas estruturas químicas sob a forma de grafos planares ligados.

O nosso próximo passo será introduzir uma caraterística quantitativa geral para os grafos moleculares. Obviamente, deve ser uma medida da diversidade dos vértices de um dado grafo. Esta ideia foi sugerida por N. Rashevsky em 1955 e desenvolvida por E. Tracco e pelos irmãos Valentinuzzi [31].

Cada grafo contém uma quantidade finita de informação. $n_i \; (i=1,2,\ldots,h; \; \sum_i n_i = n)$ Na abordagem da teoria da informação, o conjunto correspondente *A* de *n* elementos, obtido a partir de um grafo molecular, é dividido em *h* subconjuntos *A* de potência não sobrepostos, utilizando uma relação de equivalência definida no conjunto *A*. Em seguida, um esquema probabilístico pode ser relacionado com esta distribuição

$$\begin{pmatrix} A_1, A_2, \dots A_h \\ p_1, p_2, \dots, p_h \end{pmatrix}; \quad \sum_i p_i = 1; \quad p_i \geq 0; \quad (i=1,2,\dots,h);$$

$$p_i = \frac{|A_i|}{|A|} = {n_i}/{n} \quad (i=1,2,\dots,h);$$

em que *pi é a* probabilidade de um elemento selecionado aleatoriamente do conjunto *A* pertencer ao *i-ésimo* subconjunto.

A entropia (ou complexidade) da estrutura associada a este tipo de particionamento é calculada através da fórmula de Shannon:

$$H = -p_i \log_2 p_i \text{ bit.}$$

Considere como a entropia da informação é determinada para gráficos químicos individuais.

Assim, o grafo da molécula de benzeno contém 12 vértices, dos quais seis vértices idênticos para átomos de carbono e seis para hidrogénio. $p_c = \frac{6}{12} = \frac{1}{2}$. Neste caso, a probabilidade de um dado vértice ser um átomo de carbono é .

$_H$O mesmo valor é a probabilidade *p* de encontrar um átomo de hidrogénio no vértice.

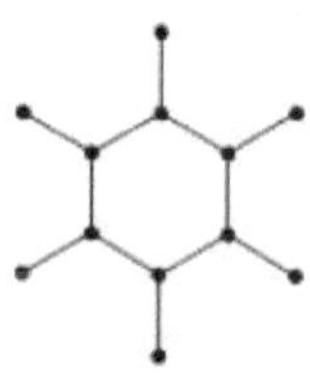

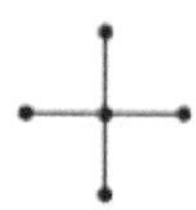

Contagem para o benzeno Contagem para o metano

$_{CH}{}^5$Para uma molécula de metano: *p* = 2 *ar* = *4 5*

Se os vértices do gráfico forem rotulados, ou seja, se tivermos em conta a diversidade dos átomos, é possível determinar as caraterísticas entrópicas de moléculas mais complexas.

$_{CH}{}^3{}_d{}^1$Assim, para o clorometano: *p* = |; *p* = ; *p* = .

Para cada um dos gráficos acima, é fácil calcular a entropia da informação.

$$H_{бензол} = -\frac{1}{2} log_2 \frac{1}{2} - \frac{1}{2} log_2 \frac{1}{2} = 1$$

$$H_{метан} = -\frac{1}{5} log_2 \frac{1}{5} - \frac{4}{5} log_2 \frac{4}{5} = 1{,}58$$

$$H_{хлорметан} = -\frac{2}{5} log_2 \frac{1}{5} - \frac{3}{5} log_2 \frac{3}{5} = 1{,}43$$

Juntamente com a entropia para grafos químicos, podemos utilizar o termo "conteúdo de informação", emprestado da teoria da transmissão de mensagens.

Com base nos valores do conteúdo de informação dos gráficos moleculares, é possível classificar diferentes estruturas e determinar a alteração do conteúdo de informação durante as transformações químicas. Assim, na condensação de três moléculas de acetileno

$$3\ C_2H_2 \rightarrow C_6H_6$$

$$\Delta H = H_{C6H6} - 3H_{C2H2} = -2\ \text{6uma}\ _{taco}$$

É interessante notar que também se observa uma diminuição da entropia termodinâmica para esta reação:

$$\Delta S^0 = 64 - 3{\cdot}48 = -80\ \text{эв.}\ _{ev.}$$

Como já observámos, não só o grau de um vértice mas também a sua posição no grafo caracterizam a medida da sua diversidade. Compilemos o conteúdo informativo do ciclooctatetraeno e do biciclooctatrieno a ele ligado por transição reversível [32]

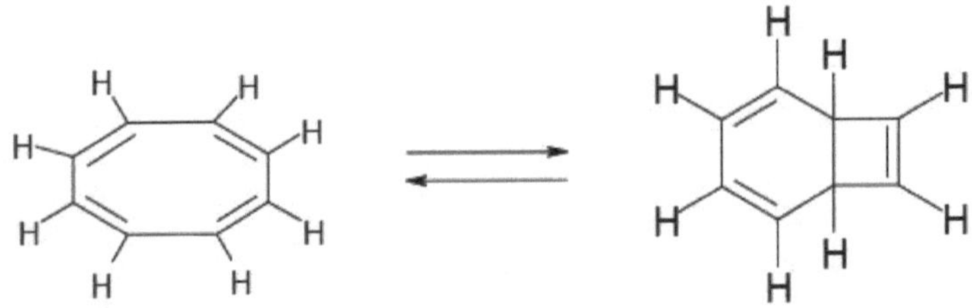

Enquanto no ciclooctatrieno todos os átomos de carbono são idênticos, no seu isómero bicíclico formam quatro pares que diferem em posição na molécula. Neste caso:

$$H = -4 \cdot \frac{2}{16} log_2 \frac{2}{16} - \frac{8}{16} log_2 \frac{8}{16} = 2$$

Uma vez que *H=1* para o ciclooctatrieno original, podemos dizer que a medida de diversidade para o isómero bicíclico é mais elevada, a incerteza do resultado da nossa experiência também aumentou se seleccionarmos aleatoriamente um único átomo.

A desvantagem de representar moléculas utilizando gráficos é que todas as caraterísticas estereoquímicas da estrutura molecular se perdem. No entanto, os gráficos descrevem a topologia completa de uma molécula. Sabe-se que muitas caraterísticas importantes das moléculas, como, por exemplo, a energia, a densidade de carga e a ordem de ligação, dependem significativamente da topologia [22].

Utilizando a abordagem descrita, é possível determinar o teor de informação de diferentes compostos isoméricos em função do grau de ramificação das cadeias de carbono.

Em bioquímica e em química dos polímeros orgânicos, temos de lidar com moléculas ramificadas compostas por subunidades idênticas. Para avaliar a especificidade de ação das enzimas ou dos catalisadores que as sintetizam ou clivam, é útil determinar uma medida quantitativa da ramificação da molécula.

Consideremos inicialmente um exemplo elementar de como esta caraterística é determinada. Suponhamos que uma molécula tem apenas um nó de ramificação do tipo *A:*

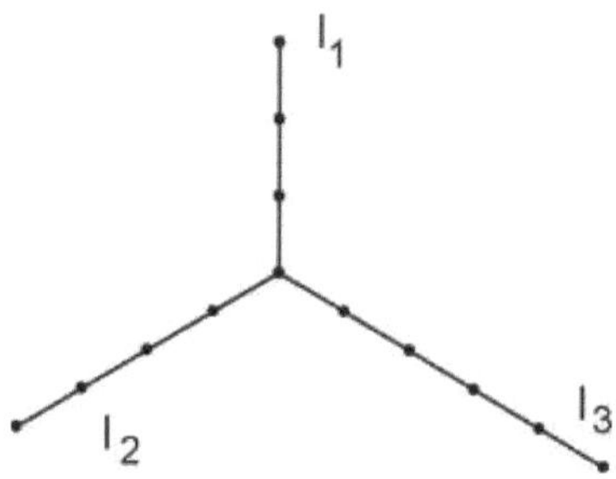

[23]Em seguida, determinaremos o grau de ramificação deste nó com base nos comprimentos relativos dos segmentos *l1, l , l* . $P_i = \frac{l_i}{\sum l_i}$ No caso considerado e

$$H = -\frac{4}{12}\log_2\frac{4}{12} - \frac{3}{12}\log_2\frac{3}{12} - \frac{5}{12}\log_2\frac{5}{12} = 1{,}544$$

É bastante óbvio que o grau de ramificação será o mesmo quando o comprimento das cadeias laterais muda proporcionalmente. [23]Das propriedades gerais da equação de Shannon resulta que o grau máximo de ramificação se situa na igualdade *P1=P =P* . Neste caso

$$H = -\frac{1}{3}\log_2\frac{1}{3} - \frac{1}{3}\log_2\frac{1}{3} - \frac{1}{3}\log_2\frac{1}{3} = 1{,}585$$

É interessante comparar o grau de ramificação de outros isómeros *A, por* exemplo

B1

B2

[2]Para *B1* temos *H=0,815,* para *B* temos *H = 1,324.* A intuição do químico também testemunha a favor de uma tal relação do grau de ramificação nos isómeros representados. O grau de ramificação aumenta obviamente se o nó tiver não três mas quatro segmentos. De facto, no caso do isómero *A da* seguinte estrutura

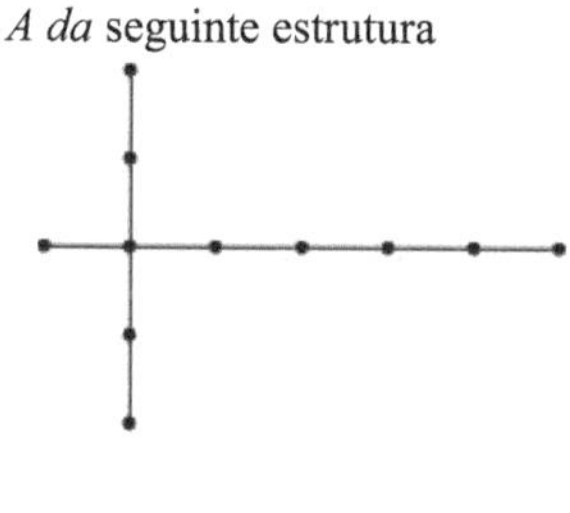

temos *H = 1,782.*

Uma situação muito mais complicada ocorre quando existem vários nós de ramificação numa molécula. $H = \sum H_k$. Nesse caso, tomaremos a soma dos graus de ramificação de cada nó como uma medida da ramificação da molécula, e para todos os nós k temos . $_K$Para determinar H de cada nó de ramificação, consideraremos apenas o número de unidades estruturais no segmento.

Por exemplo, para uma molécula com a seguinte estrutura

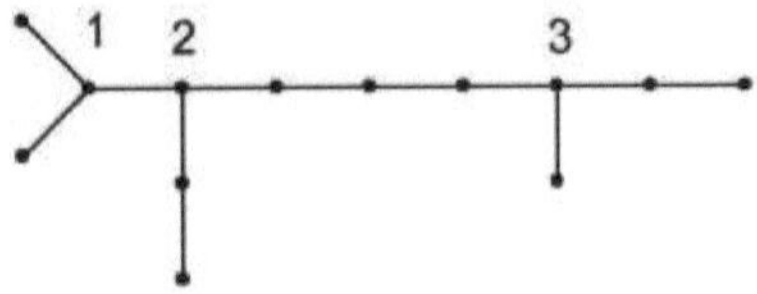

grau de ramificação calculado tendo em conta três nós $H= 3,247$.

Ou seja, considerámos uma caraterização quantitativa da estrutura de uma molécula, abstraindo da sua estrutura específica, reduzindo-a a um conjunto de vértices e arestas de grafos moleculares.

Assim, a estrutura molecular tem sido um campo muito fértil de aplicação da teoria da informação. As moléculas são facilmente formalizadas sob a forma de vários modelos discretos, para cada um dos quais é fácil calcular o conteúdo de informação (Fig. 1.2) [33]. É evidente que, consoante o modelo em que uma dada estrutura molecular é representada, o conteúdo de informação pode ser diferente. Como se pode ver na Fig. 1.2, o modelo mais simples de moléculas, o gráfico molecular (a), contém um mínimo de informação. A tomada em consideração da natureza dos átomos na estrutura molecular (fórmula estrutural) conduz naturalmente a um aumento da quantidade de informação (b). E a diferenciação dos átomos da mesma natureza em função dos seus vizinhos também contribui para o aumento da quantidade de informação (c). Os modelos espaciais descrevem a estrutura molecular de forma mais adequada e o seu conteúdo de informação é máximo (d, e).

Modelo	**Grupos de elementos equivalentes da estrutura**	**Quantidade de informação (em bits)**

а)	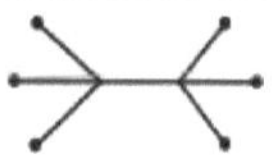	(2,6)	0.81
б)	C_2F_4ClH	(4, 2, 1, 1)	1.75
в)	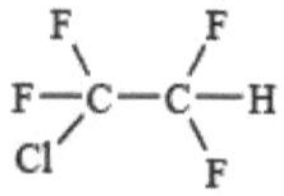	(2, 2, 1, 1, 1, 1)	2.50
г)	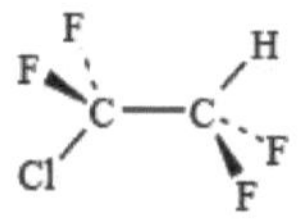	(2, 2, 1, 1, 1, 1)	2.50
д)	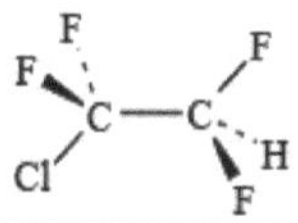	(1, 1, 1, 1, 1, 1, 1, 1)	3.00

Fig. 1.2 Conteúdo informativo da estrutura molecular

1.1.2. Aplicação da teoria da informação à caraterização dos estados dinâmicos das moléculas.

Utilizando a teoria da informação, é também possível analisar a dinâmica interna de uma molécula. Assim, Mazur observa que, como mensagem, a teoria da informação pode considerar um estado físico que difere de outros estados físicos de uma certa maneira [34]. Ele especifica esta posição, chamando a atenção para o facto de que qualquer estado físico pode ser considerado não só do ponto de vista estatístico, descrevendo a distribuição da matéria no espaço, mas também do ponto de vista energético-material, tendo em conta a distribuição da energia e da matéria no espaço e no tempo.

Norbert Wiener tinha uma opinião semelhante: "Com a passagem do tempo, qualquer estado do sistema pode e irá transformar-se em qualquer outro estado. No entanto, a probabilidade de tal transição depende, em última análise, da probabilidade relativa ou da medida desses dois estados" [35]. [35].

Como caraterística generalizada da estrutura dinâmica de uma molécula orgânica, é necessário introduzir um parâmetro que reflicta a singularidade estrutural do sistema e, por conseguinte, a sua reatividade, numa forma generalizada e acessível a uma avaliação quantitativa.

Uma molécula de um composto orgânico pode ser considerada como portadora de alguma informação relacionada com a sua estrutura. Neste caso, coloca-se a questão da estimativa da informação estrutural contida na molécula. Na sua forma mais geral, essa medida quantitativa seria a capacidade total de informação da molécula, que é determinada pelo número de estados discretos, ou seja, o número de todos os isómeros possíveis compostos por determinados átomos. Esta definição é pouco útil porque não é possível obter uma massa enorme de isómeros, pelo que, para uma avaliação realista da informação de uma molécula, é necessário selecionar os estados discretos que a molécula adopta em condições normais e que são essenciais para o seu comportamento químico.

Esta informação é designada por informação ativa. Este valor revela-se uma medida homogénea para as estruturas químicas e abre a possibilidade da sua comparação e avaliação relativa. Para determinar o conteúdo de informação da estrutura dinâmica de uma molécula (capacidade de informação dinâmica), é necessário determinar o número de estados possíveis da molécula e o seu peso estatístico. Rakov [31], com base na teoria dos grupos, estimou a capacidade de informação do átomo de carbono assimétrico em 1 bit por molécula, ou 1 molbit. Ou seja, usando a equação de Shannon, para uma igual probabilidade de realização das configurações D- e L- temos:

$$H = -\sum_i p_i \log_2 p_i = -0{,}5\log_2 0{,}5 - 0{,}5\log_2 0{,}5 = 1$$

Uma vez que a quantidade total de informação contida no todo, para parâmetros independentes, é igual à soma das quantidades de informação contidas nas suas partes, a capacidade de informação ativa de uma molécula orgânica pode ser definida como a soma das entropias de informação para cada estado discreto:

$$Q_a = \sum_j H_j$$

Os seguintes estados discretos das moléculas são escolhidos como activos, no sentido informativo: assimetria atómica, dissimetria molecular, isomerismo cis-trans, conformações estáveis e tautomerismo.

$_a$Consideremos o método de determinação de Q para os aminoácidos. No caso do ácido aspárico, devem ser tidas em conta as possíveis conformações dos grupos carboxilo e a formação interna de sais por transferência de protões para o grupo amino a partir de ambos os carboxilos. Então

$$Q_a = 2H_{OH} + 2H_{C=O} + H_{C_2-C_3} + H_t + H_{as} + H_{NH_2} = 10{,}36.$$

Se houver um radical aromático ou heterocíclico na molécula (na fenilalanina, no triptofano, etc.), os seus dois isómeros rotacionais são tidos em conta.

É necessário estabelecer um critério de capacidade de informação que não dependa do tamanho da molécula. Uma vez que não só os átomos de carbono, mas também outros átomos da molécula participam na formação da capacidade de informação ativa, *é introduz*ido o conceito de capacidade de informação específica do composto *IA* por um átomo *A*:

$$I_A = \frac{Q_A}{\sum A_i} = \frac{\sum H_j}{\sum A_i} \text{ bit/átomo.}$$

$_A$O valor de I serve como um critério objetivo da riqueza estrutural dos compostos orgânicos. Varia naturalmente dentro de uma dada classe de compostos orgânicos e é uma caraterística da classe como um todo.

1.1.3. *Relação da entropia da informação com a simetria e a semelhança.*

A entropia da informação está quantitativamente relacionada com a semelhança e a simetria. Um maior valor de entropia está correlacionado com uma maior semelhança molecular. A entropia máxima de qualquer sistema corresponde à perda total de informação, à maior simetria e à maior simplicidade.

Uma dependência logarítmica entre a entropia e a simetria foi estabelecida por Lin [36]. De facto, a correlação entre a entropia e a simetria, de forma qualitativa, foi sugerida por Schrödinger há muitos anos: a entropia negativa corresponde a assimetria, simetria quebrada ou simetria inferior.

As correlações podem ser representadas na seguinte forma logarítmica:

$$S = -\ln \sigma,$$

em que, por simplicidade, a constante positiva *k* (constante de Boltzmann) é igual a 1, st é o número de simetria de uma molécula individual.

Os argumentos baseados no facto de uma diminuição do conteúdo de informação corresponder a um aumento da entropia permitem mostrar que, em geral, a correlação entre entropia e simetria é simplesmente representada por uma expressão logarítmica:

$$S = \ln w_a,$$

$_a$onde *w* número de simetria é o número de microestados simétricos ou indistinguíveis. Nesta equação, Lin omitiu o sinal de menos, pelo que a entropia deveria aumentar com o aumento do número de simetria.

O conceito algorítmico de entropia pode ser compatível com o conceito informacional habitual de entropia. Se um sistema evoluir no sentido de uma simetria crescente, a expressão matemática que descreve o sistema simplificar-se-á naturalmente. Consequentemente, neste caso, o conteúdo informativo do sistema diminui e a entropia algorítmica aumenta. As relações estabelecidas entre a entropia logarítmica e a simetria foram utilizadas para interpretar quantitativamente fenómenos estereoquímicos dinâmicos em reacções químicas e fenómenos acompanhados de quebra de simetria em transições de fase de cristalização. Estas relações logarítmicas podem também ser utilizadas em muitos outros casos, tendo em conta vários fenómenos de estabilidade estrutural e espontaneidade do processo, para estudar quaisquer sistemas de estruturas dinâmicas e estáticas hierárquicas complexas.

Vários métodos baseados nos princípios da teoria da informação de Shannon têm sido amplamente utilizados para estimar a diversidade molecular [37-45]. Em particular, um desses métodos foi proposto por Lin [41]. Nesta abordagem, uma série de compostos é considerada como um conjunto molecular estático ou um conjunto de microestados que contêm informações sobre o seu ambiente relativamente a uma determinada propriedade. *A* diversidade molecular está diretamente relacionada com o conteúdo de informação do conjunto *(I),* que é definido pela seguinte fórmula: $_{max}I = S - S$, onde *S é a* entropia do sistema calculada através da equação clássica da entropia de Shannon.

Na abordagem de Lin, cada conjunto composto representa um número finito de subconjuntos moleculares diferentes. A entropia do sistema é determinada pela equação :

$$S(m,n) = -\sum_{j=1}^{n}\sum_{i=1}^{m} p_{ij} \ln p_{ij}$$

em que *m é o* número de subconjuntos,

n é o número de elementos do conjunto,

Pij é a probabilidade de encontrar o *i-ésimo* elemento no *j-ésimo* subconjunto.

O valor de *ru* pode ser calculado com recurso a tabelas de semelhança molecular [41], assumindo valores no intervalo [0;1].

Segundo Lin, à medida que as probabilidades convergem, a variedade torna-se mais indistinguível, a entropia do sistema aumenta e a informação diminui.

O problema da aplicação da teoria da informação às moléculas orgânicas também foi abordado por Graham [42]. Aqui, é proposta uma abordagem estatística que abrange todas as moléculas e estados possíveis, em que as estruturas químicas são consideradas através de cálculos estatísticos inteiros, sendo discutido o desenvolvimento de uma variável inteira que determina o número total de complexos de construção de uma molécula orgânica.

1.2. Desenvolvimento biológico e teoria da informação

A teoria biológica da evolução pode ser traduzida para a linguagem da teoria da informação. Este trabalho, que deu resultados muito instrutivos, foi efectuado por I.I. Shmalhausen [43]. Com a ajuda da teoria da informação, Shmalhausen revelou o significado das relações diretas e inversas que determinam o processo evolutivo e, ao mesmo tempo, sublinhou que, para a biologia, a teoria da informação habitual é completamente insuficiente. A teoria convencional considera apenas a quantidade de informação contida numa mensagem, independentemente do seu significado. Assim, obtemos um bit de informação quando respondemos a qualquer pergunta colocada sob a forma de "sim" ou "não", ou seja, quando resolvemos uma alternativa binária, quer se trate de uma pergunta sobre o resultado do lançamento de uma moeda ou de uma pergunta sobre a validade do segundo princípio da termodinâmica para os sistemas vivos.

O valor da informação é determinado pelos acontecimentos provocados pela receção da mensagem e pode ser expresso através das consequências da receção. A ocorrência destes acontecimentos implica uma mudança no sistema percetivo. Se o sistema não se altera sob a ação da mensagem, não há receção. É evidente que a receção de uma informação é um processo irreversível que ocorre num sistema em desequilíbrio, caracterizado pela presença de estados instáveis. A receção de uma informação desloca o sistema para um dos estados relativamente estáveis; em condições de equilíbrio, não há receção e não há valor da informação.

Como a recetividade é um processo multinível, o valor de uma mensagem depende do nível de recetividade: para um recetor, a mensagem pode ter um valor elevado, enquanto para outro pode ter valor zero. A este nível, só tem valor a informação não redundante, ou seja, a informação que ainda não é conhecida pelo recetor e que este pode percecionar.

Considere-se, por exemplo, uma mensagem linguística. $_{12}$Se o número N de letras diferentes numa língua for conhecido, então a quantidade de informação por letra é $I = \log N$.

Para a língua russa, $N = 32$ e $I = 5$ bits. Este é o primeiro nível de recetividade. No nível seguinte, é tida em conta a probabilidade de ocorrência de uma determinada letra (por exemplo, a probabilidade de encontrar a letra "a" é maior do que a letra "i"). Utilizando a fórmula de Shannon, $i = N$

$$I_2 = -\sum_{i=1}^{i=N} p_i \log_2 p_i,$$

a quantidade de informação por letra com a soma de todas as probabilidades igual a um: $\sum_{i=1}^{i=N} p_i = 1.$

$I_2 < I_1$ Pode ver-se que - a quantidade de informação por letra diminuiu, uma vez que já existe informação sobre as frequências de ocorrência das letras. A este nível, a mensagem contém informação redundante. A redundância é determinada pela seguinte fórmula:

$$R_2 = 1 - \frac{I_2}{I_1}.$$

No nível seguinte, são tidas em conta as correlações de pares entre letras (por exemplo, em russo, uma vogal segue mais frequentemente uma consoante do que uma vogal), seguidas de correlações triplas, quádruplas e superiores.

À medida que o nível de recetividade aumenta, a redundância da informação aumenta e o valor, a indispensabilidade dos restantes elementos não redundantes da mensagem, aumenta. Com base neste facto, Wolkenstein [44] formulou uma definição condicional do valor da informação.

Se a mensagem contém *n1* letras e a quantidade de informação *n1I1*. $_2$No nível seguinte, a quantidade de informação não redundante é reduzida para *n1I* . $_2$ $n_1I_2 = n_2I_1$ Substituímos a redução da quantidade de informação por letra por uma redução do número de letras da mensagem para *n* , ou seja, . $\frac{I_1}{I_2} = \frac{1}{1-R_2}$ O número efetivo de letras diminuiu vezes, e a informação por letra, ou seja, o seu valor, aumentou na mesma proporção.

É necessário distinguir entre a receção das informações que entram no sistema percetivo e a criação de novas informações no sistema. Segundo G. Kastler [18], a criação de novas informações é a memorização de uma escolha aleatória. Kastler dá o seguinte exemplo: uma pessoa deixa uma mala numa câmara de armazenamento automático, escreve uma cifra numérica qualquer e memoriza-a. É possível abrir a câmara apenas quando a máquina está aberta. É possível abrir a câmara apenas conhecendo esta cifra, ou seja, é criada informação.

Em biologia, a criação de nova informação pode ser considerada, por exemplo, o surgimento de cada novo indivíduo como resultado da reprodução sexual, nada pré-programada, recombinação aleatória de genes, o que leva a uma variabilidade muito grande, dando material ilimitado para a evolução.

Um sistema biológico caracteriza-se pela presença de toda uma hierarquia de níveis de receção da informação. Durante o desenvolvimento ontogenético, aumenta a especialização das mensagens de informação, a sua insubstituibilidade e, consequentemente, o valor da informação. Ao mesmo tempo, aumenta a quantidade de informação a níveis superiores de organização, ou seja, juntamente com a informação genética inicial, são criadas novas informações, codificadas não pela sequência de nucleótidos, mas pela organização das estruturas celulares, pela morfologia do indivíduo, etc.

Em relação à avaliação da informação pela sua insubstituibilidade, é possível determinar o valor de um elemento da mensagem pelas consequências da substituição desse elemento. Quanto mais significativas forem as alterações introduzidas no sistema recetor pela substituição de um elemento, mais elevado é o seu valor. No decurso do desenvolvimento biológico de um organismo como um todo, a quantidade de informação aumenta. O desenvolvimento passa de simples a complexo (a complexidade pode ser definida pelo número de palavras necessárias para descrever um sistema biológico). A capacidade do sistema para selecionar informações valiosas também aumenta. A perda de capacidades adaptativas associada à simplicidade da estrutura e à permutabilidade das células e dos tecidos é mais do que compensada pelas vantagens vitais de um sistema complexo autónomo. A autonomia surge precisamente como resultado da seleção de informação valiosa. A capacidade de seleção atinge o seu nível mais elevado nos animais superiores, cujos órgãos dos sentidos foram concebidos para esse efeito. Uma rã reage apenas a um inseto em movimento, um morcego ou um golfinho, utilizando a ecolocalização ultra-sónica, reage apenas a sinais reflectidos.

Como já referimos, um bit de informação equivale a uma alteração de entropia de $kln2$. Isto significa que para obter um bit de informação é necessário despender energia não inferior a $kTln2$. No entanto, $kTln2$ é gasto num bit de qualquer informação, tanto valiosa como não valiosa, redundante e substituível. A seleção da informação valiosa não requer gastos adicionais de energia. Para tal, basta, por exemplo, dispor os canais na membrana de modo a que moléculas ou iões de uma determinada forma e tamanho passem através deles. Os custos energéticos foram incorridos nas fases anteriores da evolução biológica. Ou seja, as principais caraterísticas de um sistema vivo no aspeto da teoria da informação são a capacidade de criar nova informação e selecionar informação valiosa sem custos energéticos especiais.

1.3. Utilização de vários índices de informação que caracterizam quantitativamente a estrutura das moléculas

A rápida informatização da química e da tecnologia química, o armazenamento e a utilização eficientes da informação química nos computadores tornam a questão da codificação desta informação extremamente relevante [45]. Atualmente, foi proposta uma série de índices que caracterizam quantitativamente a estrutura das moléculas e permitem uma formação óptima de bases de dados. Esses índices representam várias funções do número total e do tipo de átomos, agrupamentos, anéis e caraterísticas geométricas das moléculas, e a maior parte da codificação baseia-se em métodos da teoria da informação e da teoria dos grafos.

Atualmente, existem muitos métodos disponíveis para obter índices numéricos de moléculas, que se correlacionam bastante bem com as caraterísticas físico-químicas mais importantes dos compostos e podem ser utilizados para a descrição quantitativa de moléculas no estudo das suas propriedades físico-químicas e biológicas.

Como já foi referido, a teoria da informação permite-nos calcular uma medida de informação - a entropia da informação na expressão de Shannon:

$$H(x_i) = -\sum_{i=1}^{N} p_i(x_i)\log_2 p_i(x_i), \sum p_i = 1, \quad (1.1)$$

;o nde *H é a* entropia da informação, *p é a* probabilidade do resultado da experiência *xi,* que é calculada em cada caso.

Se tivermos em conta, por exemplo, apenas a composição química de uma molécula, o cálculo de acordo com a fórmula acima dá o correspondente índice de informação da composição química. Utilizando apenas a topologia da molécula, representada pelo seu gráfico estrutural, obtemos um índice de informação e topológico. Muitas caraterísticas importantes das moléculas, como a energia, a ordem das ligações e a densidade de carga, dependem significativamente da topologia e, uma vez que os índices topológicos são expressões numéricas de certas propriedades topológicas da estrutura molecular, não é surpreendente que diferentes índices topológicos se correlacionem significativamente com as propriedades físico-químicas e biológicas de diversos grupos de moléculas [22].

A negentropia molecular é utilizada para codificar as estruturas que controlam a atividade biológica. Uma molécula preparativa é considerada como uma fonte de informação com conteúdo de informação disponível para o recetor. Este índice avalia as moléculas de acordo com a simetria e codifica as caraterísticas estruturais que, em certos casos, afectam as propriedades físicas e a atividade biológica. Como medida do conteúdo de informação de uma molécula, a negentropia molecular tem sido utilizada com êxito como parâmetro estrutural para analisar quantitativamente moléculas com uma resposta biológica incerta [46, 47]. Por exemplo, [46] fornece correlações quantitativas entre a negentropia de várias moléculas e os seus: a) efeitos tóxicos no fungo Madison 517; b) efeito narcótico nas larvas de arenicola; c) efeito destrutivo no coração da tartaruga; d) efeito narcótico no coração da rã.

A entropia de Shannon (SE) e a entropia diferencial de Shannon (DSE) são utilizadas para analisar diferentes descritores moleculares em grandes bases de dados de compostos [48]. Isto permite a deteção de diferenças inerentes entre descritores em bases de dados de compostos (análise DSE). Os cálculos SE e DSE, designados por análise SE-DSE, oferecem a possibilidade de identificar descritores moleculares de forma mais sensível através de diferenças sistemáticas em bases de dados constituídas por substâncias sintéticas, naturais e medicinais. Mas, ao mesmo tempo, as análises SE-DSE também mostram que muitos descritores não são sensíveis às caraterísticas de classe dos compostos, apesar da sua complexidade e elevado conteúdo de informação.

A entropia da informação de Shannon é também muito utilizada no estudo das sequências de proteínas [49]. A entropia da informação é estimada aqui de três formas: Análise "k-tuplet", análise Zipf generalizada e o método do jogador Chou-Fasman. A análise "K-tuplet" é uma análise de cartas baseada em probabilidades sequenciais condicionais. A análise Zipf generalizada demonstra as qualidades linguísticas estatísticas das sequências de proteínas e utiliza a frequência das palavras para determinar a entropia de Shannon. O leitor "Chou-Fasman" é um algoritmo baseado nas regras de Chou-Fasman para a estrutura das proteínas. Utiliza informações sobre a sequência e a estrutura secundária para determinar o número de aminoácidos possíveis que podem ser aproximadamente substituídos numa sequência. Utilizando estes valores de entropia, é calculado o número de sequências de proteínas mais prováveis. Normalmente, o número de sequências de proteínas mais prováveis é muito menor do que o número de sequências possíveis.

1.3.1. Aplicação da teoria da informação ao desenvolvimento de um modelo matemático da complexidade molecular.

Com base nos conceitos da teoria dos grafos e da teoria da informação, Bertz desenvolveu um modelo matemático da complexidade molecular [50]. Todas as moléculas são constituídas por átomos de um certo número de elementos e distinguem-se pelos elementos de que são compostas e pela forma como os átomos estão ligados uns aos outros, ou seja, pela sua topologia. Empilhado num espaço bidimensional, um gráfico é um modelo canónico bastante pobre de uma molécula. Esta representação é mais pobre do que os modelos espaciais das moléculas. No entanto, os comprimentos exactos das ligações e as magnitudes dos ângulos não são importantes quando se considera a complexidade, o que é importante é a equivalência ou não equivalência dos átomos, ou seja, a simetria, que é mais convenientemente transmitida no quadro da teoria da informação elementar.

A aplicação da teoria dos grafos transforma-se no problema de encontrar um invariante (um valor quantitativo que não se altera com diferentes empilhamentos de grafos) que aumenta sempre que o número de caraterísticas topológicas aumenta. Gordon e Kennedy [50] propuseram um índice, nomeadamente o número de maneiras pelas quais o propano pode ser "cortado" de uma molécula, ou seja, o número de subgrafos ligados do grafo molecular que são isomorfos com o grafo do propano. Este índice só foi aplicado para considerar a ramificação em sistemas saturados.

Bertz descobriu que este índice também pode ser diretamente aplicável a estruturas cíclicas [50].

Para alargar este índice a múltiplos, Bertz deu outra definição do índice - o número de pares de ligações adjacentes, ou seja, o número de linhas no gráfico de linhas (ou "gráfico de ligações") de um gráfico molecular. Assim, utilizando os gráficos de ligações de vários sistemas com ligações múltiplas, o número de pares de ligações adjacentes pode ser estabelecido.

O valor de ts para uma ligação múltipla é igual ao número de linhas na ligação múltipla contadas simultaneamente duas vezes: *ts (1 2)d(d-1).*

A mesma fórmula é válida para o número de ligações de um átomo saturado com grau (valência) *d*. Outra definição de // é o número de tropos de comprimento 2, ou seja, cadeias simples de comprimento 2. Todas as linhas de um trilho têm de ser distintas, e os vértices não têm de ser distintos.

A simetria de um grafo molecular pode agora ser introduzida substituindo na fórmula de Shannon os conjuntos de mapeamentos equivalentes *TS*, por cada conjunto *i*:

$$H = -\sum_i p_i \log_2 p_i = -\sum_i \frac{\eta_i}{\eta} \log_2 \frac{\eta_i}{\eta} \qquad (1.2)$$

η, Uma forma mais conveniente é obtida multiplicando a equação (1.2) por , que fornece informações sobre feixes equivalentes numa base "por molécula" em vez de "por feixe":

$$I = \eta H = \eta \log_2 \eta - \sum \eta_i \log_2 \eta_i \qquad (1.3)$$

η η Embora H e I reflictam a simetria disponível para um determinado número de ligações (por exemplo, para um conjunto de isómeros), a informação sobre o tamanho das moléculas perde-se quando se passa de para I( ). Assim, por exemplo, I = 0 sempre que todas as ligações são equivalentes, o que é o caso de moléculas fundamentalmente diferentes como o n-butano, o ciclobutano, o ciclopentano, o tetraedro, o dodecaedro e muitas outras.

Para tornar a equação (1.3) aplicável no caso geral, é necessário acrescentar-lhe informação sobre o tamanho das moléculas (número de ligações). $\eta \log_2 \eta$ A melhor maneira de o fazer é adicionar à expressão (1.3) a equação (1.4), que reflecte tanto a dimensão (através do número de ligações) como a simetria (baseada em ligações equivalentes) do gráfico molecular.

$$C(\eta) = 2\eta \log_2 \eta - \sum \eta_i \log_2 \eta_i \qquad (1.4)$$

Consideremos a aplicação da equação (1.4) ao exemplo do terc-butilacetileno, que tem quatro conjuntos, cada um contendo três ligações equivalentes. A sua complexidade é, portanto, igual a: $C(\eta)=2 \cdot 12 \cdot \log_2 12 - 4 \cdot 3 \log_2 3 = 71{,}8$.

Os heteroátomos também podem ser incluídos neste esquema utilizando a fórmula de Shannon. η A rotulagem de um grafo molecular de tal forma que vértices anteriormente equivalentes se tornam não equivalentes aumenta o valor de C( ), uma vez que feixes anteriormente equivalentes se tornam necessariamente não equivalentes. η Por outro lado, o valor de C( ) não se altera quando a rotulagem não afecta as classes de equivalência dos mapeamentos. No entanto, ao ser rotulada, a molécula torna-se mais complexa, e esta complexidade pode ser calculada utilizando a equação (1.3). Ao adicionar este valor à equação (1.4), pode obter-se o valor da complexidade total [50].

Este modelo matemático de complexidade molecular tem uma generalidade considerável e pode ser aplicado a alguns problemas de síntese, nomeadamente para a classificação das reacções de síntese [50].

De acordo com o formalismo desenvolvido por Sarkar, Beysak e Rauhaudhuri, foi utilizado um grafo molecular completo para determinar vários invariantes de informação teórica dos grafos; a relação de equivalência foi definida no conjunto de vértices *V(G)* de tal forma que dois vértices pertencem a uma dada classe de equivalência se tiverem a mesma multiplicidade de arestas e o mesmo número de vizinhos de primeira ordem com os mesmos graus [22]. Não foram consideradas a identidade química dos vértices nem o tipo de ligação dos vizinhos de ordem superior (elementos situados à distância *2, 3,..., p* do vértice selecionado).

1.3.2. Cálculo de índices baseados na simetria das vizinhanças de vértices num grafo químico.

Magnuson et al[51] propuseram calcular índices topológicos baseados na simetria das vizinhanças dos vértices num grafo químico. A abordagem utilizada para obter estes índices topológicos consiste em particionar os vértices de um grafo molecular completo em subconjuntos não sobrepostos com base numa relação de equivalência definida relativamente a diferentes graus de simetria de vizinhança, construir um esquema probabilístico e, finalmente, calcular a quantidade de informação utilizando a fórmula de Shannon.

$_{k}$O conteúdo de informação de um grafo em relação a uma vizinhança de ordem k (*IC*), que é o conteúdo de informação por vértice, é calculado utilizando a equação (1.1). $_{kkkk}$O conteúdo total de informação (*TIC*), ou seja, a medida de complexidade por grafo, e outros índices derivados, conteúdo de informação estrutural (*SIC*), conteúdo de informação de ligação (*BIC*) e conteúdo de informação complementar (*CIC*), são calculados do seguinte modo

$$TIC_k = n \times IC_k,$$

$$SIC_k = IC_k / \log_2 n,$$

$$BIC_k = IC_k / \log N,$$

$$CIC_k = \log_2 n - IC_k,$$

em que *n é a* potência do conjunto V(G),

N é o número total de arestas (ligações covalentes) no gráfico molecular.

Movšović [22] observou que o conteúdo de informação dos grafos pode ser visto como uma medida quantitativa da sua complexidade relativa. $_{k}$Para uma vizinhança de uma dada ordem, *o CI* é máximo quando todos os vértices são distintos. $_{k}$Por outro lado, para o grafo mais simétrico (em que todos os vértices são equivalentes), *o CIC* é zero. $_{k2}$*O CIC* é igual a *log n* se o grafo for simétrico em relação à vizinhança de ordem *k*, e é igual a zero se todos os vértices forem distintos. Uma vez que os índices acima referidos são obtidos considerando as vizinhanças dos vértices de grafos químicos, são designados por índices de simetria de vizinhança.

$_{450}$A utilidade de tais índices foi demonstrada no estudo das correlações quantitativas estrutura-atividade da solubilidade do álcool, da inibição da para-hidroxilação microssomal da anilina pelo citocromo P e da toxicidade dos barbitúricos [51].

Rudkevich et al. [52] tentaram encontrar índices numéricos de moléculas de hidrocarbonetos aromáticos de alcatrão de carvão condensado que pudessem ser utilizados para codificar informações estruturais na formação de bases de dados para computadores. Uma vez que a caraterística estrutural mais importante dos hidrocarbonetos aromáticos, que explica completamente as suas caraterísticas físico-químicas, pode ser o número total de estruturas de ressonância (Kekulian), na forma em que as fórmulas dos hidrocarbonetos são escritas, a expressão de Shannon para a entropia da informação de uma molécula de qualquer composto aromático pode ser representada na forma

$$H = \log_2 N,$$

em que *N é o* número de estruturas de ressonância que descrevem a mobilidade da nuvem de electrões na molécula de hidrocarboneto.

Foram encontradas correlações lineares satisfatórias entre *H* e as energias de ressonância obtidas experimentalmente, bem como as temperaturas de fusão e ebulição de arenos policíclicos individuais. Ou seja, o índice numérico proposto para as moléculas de hidrocarbonetos de alcatrão de carvão (capacidade de informação) pode muito bem ser utilizado para prever as constantes físicas e químicas indicadas de compostos ainda não estudados.

A abordagem da informação que utiliza a entropia de informação de Shannon é probabilística. No entanto, estão também a desenvolver-se abordagens não probabilísticas à definição de informação, por exemplo, a abordagem de Kolmogorov baseada na ideia de epsilon-entropia (abordagem combinatória) e na determinação algorítmica da quantidade de informação, a abordagem de Ingarden e Urbanek, etc. [53]. [53].

1.3.3. Cálculo do índice de informação geométrica de ordem e desordem.

S.A. Dembovsky [53] e P.A. Kozmin [54, 55] propuseram a obtenção de um novo índice molecular de informação geométrica através de um método não probabilístico. Um modelo de ordem e desordem no arranjo de átomos em moléculas baseado na Eq:

$$Q = 1 - P/_{3n},$$

onde Q é o índice de ordem no arranjo dos átomos na molécula,

${}^{P}{}_{3n}P$ *é o* número de coordenadas independentes (parâmetros posicionais) que fixam um grupo constituído por n pontos num sistema de coordenadas arbitrário, o valor é o índice de desordem.

O valor de Q depende de vários parâmetros estruturais da molécula: número de átomos na molécula, simetria, dimensionalidade, número de graus de liberdade, ou seja Q [e *(1- Q)*] é uma função de vários parâmetros $Q = f(M,n,D,CCC)$, em que M é a simetria do grupo de pontos da molécula, medida pela multiplicidade da posição comum, n é o número de átomos, reflectindo uma medida da complexidade da molécula (moléculas simples de dois e três átomos ou moléculas complexas), D *é* a dimensionalidade da molécula, servindo como medida da heterogeneidade física, uma vez que a dimensionalidade está relacionada com a anisotropia da molécula, *CCC* é o número de graus de liberdade estruturais.

O índice de ordem Q é muito sensível ao isomerismo estático e dinâmico e está bem correlacionado com a simetria: Q diminui com a diminuição da simetria, mas a ordem permanece inalterada se a multiplicidade da posição comum não mudar. O aparecimento de novos tipos de movimentos em moléculas não rígidas (libração, permutações e inversões) é acompanhado por uma diminuição da simetria e uma diminuição do índice de ordem.

Analisemos os parâmetros da função do ponto de vista da teoria da informação. Como já foi referido, de acordo com a definição de Ashby [26], a informação é uma medida da diversidade do sistema e, de acordo com a definição de Glushkov [27], uma medida da não-homogeneidade e heterogeneidade do sistema. A simetria, no âmbito da abordagem considerada, pode ser considerada como uma medida da diversidade estrutural ou da heterogeneidade estrutural, uma vez que as operações de simetria (eixos e planos de simetria e centro de inversão) permitem dividir o conjunto de átomos que compõem uma molécula em grupos automórficos (AMGs) [53]. $_{222v}$Vamos explicar isto com o exemplo da molécula CH F de simetria C . Ela tem três AMGs: dois deles [H(1) e H(2)] e [F(1) e F(2)] estão unidos por um eixo de segunda ordem, e o terceiro (o átomo C) está sobre este eixo. Neste caso, existe uma distribuição AMG de simetria {2,2,1}. Os átomos dos grupos são idênticos (homoatómicos) e os próprios grupos são coletivamente heteroatómicos. Assim, a simetria reflecte a heterogeneidade estrutural e, indiretamente, a diversidade química da molécula. Ou seja, o valor Q caracteriza a molécula de forma bastante completa e corresponde qualitativamente à definição de informação como uma medida de diversidade, heterogeneidade e não-homogeneidade.

$P/_{3n}$, $_{sym}$Foram encontradas correlações entre o parâmetro que caracteriza a desordem e o índice de simetria de informação I segundo Bonchev [53 - 55]. $_{sym}$O cálculo do I tem em conta a distribuição dos átomos equivalentes de simetria, que incluem os átomos que mudam de lugar sob a ação das operações de simetria [56 - 57]. Cada operação de simetria abrange um certo número de átomos da molécula, e também os seus grupos - AMGs.

$P/_{3n}$, Assim, o valor de pode ser considerado como um índice de informação especial - índice de informação geométrica molecular

$$I_{geom} = P/_{3n}$$

$P/_{3n}$, $_{symsym}$ A sua semelhança com o índice de simetria I deve-se ao facto de ambos os índices terem em conta a simetria de uma molécula: I por meio das AMGs correspondentes e - por consideração geométrica de uma dada molécula. $_{sym}$A diferença explica-se pela diferença não só na forma como a simetria é tida em conta, mas também no método de cálculo, que é probabilístico (de acordo com a fórmula de Shannon) para o I e não probabilístico (apenas a partir das considerações da geometria analítica) para o $P/_{3n}$.

Suponhamos que surge na molécula um grau de liberdade associado ao descongelamento da cadeia, ou ao isomerismo, etc. $P/_{3n}$, Neste caso, o valor de aumentará e, por conseguinte, Q diminuirá: o conteúdo de informação aumenta à medida que o índice de ordem de Q diminui. $_{geom}$Assim, se I pode ser comparado com $Isym$ e, através dele, com a entropia da informação segundo Shannon, então o índice de ordem Q pode ser comparado com a não-entropia segundo Brillouin [17] ou com a redundância da informação.

O caso limite $Q = 1$ corresponde a um polígono regular com um número infinito de lados, ou seja, um círculo ou uma cadeia infinita com CCCs fixos. $P/_{3n}$, As moléculas reais têm sempre um conteúdo de informação, que é tanto maior quanto mais próximas do início ($Q = 0$) da escala de ordem se encontram.

$_{geom}$O índice I pode ser utilizado para estabelecer relações composição-estrutura-propriedade, por exemplo, para estimar a entropia, a entalpia, a reatividade, para prever as propriedades das moléculas, para orientar a síntese de moléculas com determinadas propriedades, para sistematizar a informatização da investigação, etc.

Assim, é evidente que o cálculo de vários índices de informação que caracterizam quantitativamente a estrutura das moléculas desempenha um papel importante na codificação da informação estrutural e permite a formação óptima de bases de dados adequadas. Isto, por sua vez, abre amplas perspectivas para a previsão de substâncias com determinadas propriedades.

Neste artigo tentámos investigar um problema bastante fundamental: como é que a estrutura do espaço muda quando um sistema molecular é colocado nele. Por outras palavras, tentámos modelar o campo de informação de uma molécula. Mas é de notar que, ao contrário da abordagem antropomórfica do académico Berg, segundo a qual só o ser humano cria um campo de informação à sua volta [14], e de várias "teorias" paracientíficas do campo de informação, nós postulamos que qualquer objeto cria um campo de informação à sua volta, e as secções seguintes deste livro são dedicadas à consideração das principais disposições do conceito desenvolvido de campo de informação.

CAPÍTULO 2

DOMÍNIO DA INFORMAÇÃO MOLECULAR

Esta secção descreve as principais disposições e princípios do conceito de campo de informação (FI) das moléculas por nós desenvolvido [58-67]. O conceito de FE baseia-se na aplicação consistente da abordagem de Shannon não só ao objeto - molécula, mas também ao espaço circundante. Ou seja, o espaço que rodeia o objeto é discretizado e considerado como um sistema de elementos. Em cada ponto desse espaço, utilizando a abordagem de Shannon, é possível calcular os parâmetros de FE da molécula.

Este modelo descreve a situação em que um objeto (molécula) estrutura o espaço que o rodeia, ou seja, gera informação nesse espaço.

2.1. Fundamentos do conceito

Na secção 1.1. referiu-se que, em 1948, K. Shannon propôs um modelo que permite quantificar a informação contida numa mensagem. K. Shannon definiu a informação como uma informação que elimina a incerteza existente antes da sua receção [16]. O grau de incerteza de uma situação pode ser caracterizado pela entropia. Assim, o grau de incerteza de uma situação pode ser relacionado com o número de possíveis variantes (caminhos) de desenvolvimento dessa situação (resultados da experiência). Por conseguinte, é evidente que a base objetiva da informação é a "diferença" ou a "diversidade", o que é coerente com os conceitos de informação de W.R. Ashby e V.M. Glushkov [68]. De acordo com a hipótese de Hartley [7], o logaritmo do número possível de resultados (caminhos) da situação analisada é utilizado para estimar a quantidade de informação. $_2$Se utilizarmos o logaritmo na base 2, então a remoção da incerteza da situação é igual a 1 ($I = log\ 2 = 1$). Isto corresponde à quantidade de informação num "bit". Se os diferentes resultados (i) do desenvolvimento da situação tiverem probabilidades diferentes (Pi), é mais correto estimar a quantidade de informação utilizando a fórmula de Shannon.

A abordagem de Shannon baseia-se numa representação discreta de um "objeto" (situação, sistema) que consiste num conjunto M de "elementos" (resultados). n ($|M| = n$). Se definirmos uma relação de equivalência neste conjunto, então todos os seus elementos formam um número de subconjuntos (mj), cada um dos quais inclui apenas elementos equivalentes

$$m_1 \cup m_2 \cup \cdots m_i \cdots \cup m_k = M$$

$$k \leq n \qquad m_j \cap m_i = 0 \qquad |m_i| = n_i \qquad \sum_i n_i = n$$

A probabilidade de escolher qualquer elemento (resultado da situação) do *i-ésimo* subconjunto é igual a $pi = ni/n$. Segundo Shannon, a quantidade de informação por um elemento do sistema (objeto) é definida como

$$I = -\sum_i^k p_i lb(p_i) \qquad \text{em que } lb = log2$$

Para a situação mencionada anteriormente, com dois resultados igualmente prováveis (por exemplo, atirar uma moeda ao ar "cara", "coroa"), tal como em Hartley, obteremos 1 bit de informação.

$$I = -1/2\ lb(1/2) - 1/2\ lb(1/2) = 1$$

A informação contida em todo o conjunto (*M)* de elementos pode ser facilmente definida como

$$I' = n{\cdot}I = -\sum_i n_i lb(n_i/n)$$

Assim, a informação definida por um dos subconjuntos *mi do* conjunto *M* é igual a -*nilb(ni/n)*, e a informação gerada por um elemento desse subconjunto é igual a *-lb(ni/n)* ou *lb(n/ni)*, respetivamente.

*ı*Se não houver incerteza, ou seja, se a situação tiver apenas um resultado e o sistema for constituído por elementos de um só tipo (sem diversidade), *então I'=I=0*, uma vez que *M = ml; n = n* e *pl =1*. Temos informação máxima para o caso em que a situação tem o máximo número possível de resultados e o sistema é constituído apenas por elementos diferentes: *ni = 1; pi = 1/n; I = lb(n); I' = nlb(n)*.

*ı*Assim, o conteúdo informativo do sistema é determinado apenas pelo número de elementos *(*n) que o compõem e pelo esquema da sua divisão em subconjuntos *(jm.il = n)*. Esta abordagem ignora completamente o lado qualitativo da informação, o seu conteúdo semântico. O lado positivo desta abordagem é a possibilidade de analisar quaisquer processos e sistemas de informação a partir de posições gerais. De facto, é proposta uma linguagem universal para descrever o lado da informação de qualquer processo, fenómeno ou objeto.

Neste artigo tentámos investigar um problema bastante fundamental: "Qual é o resultado da transferência de informação sobre a estrutura molecular para o espaço circundante?". Por outras palavras, tentámos modelar o campo de informação de uma molécula. A construção de um modelo formal de FE não se revelou muito difícil. Para tal, é necessário aplicar de forma consistente a abordagem de Shannon não só ao "objeto" investigado, mas também ao espaço circundante. Por outras palavras, este espaço, bem como o "objeto", devem ser discretizados e considerados como um sistema de elementos. Note-se que é mais correto falar não de PI, mas do campo de informação potencial (IP), uma vez que a informação só surge quando há um "recetor" ("observador") que a percepciona. Por uma questão de simplicidade, continuaremos a usar o termo IP, implicando ao mesmo tempo o PPI.

Imaginemos uma situação idealizada - um espaço infinito "vazio", (bidimensional para simplificar), dividido em áreas idênticas (células). Contém 0 bits de informação, porque todas as células são exatamente iguais, não há "heterogeneidade" (diversidade), logo, não há informação. Mas assim que colocamos um objeto qualquer neste espaço, a equivalência de muitas células desaparece. Elas tornam-se diferentes, dependendo da forma como o objeto é "visto" a partir desta ou daquela célula do espaço. Ou seja, estando em diferentes lugares do espaço que rodeia o objeto, nós (recetor, observador) podemos obter diferentes quantidades de informação sobre esse objeto. Assim, para modelar o PI de um objeto na área selecionada, temos de aprender a diferenciar as células do espaço que o rodeiam. Quando todas as células da área de espaço investigada forem divididas em grupos, só teremos de aplicar a fórmula de Shannon e calcular a informação potencial contida em cada célula, grupo de células e em toda a área.

Consideremos o exemplo mais simples. Coloquemos um objeto que represente uma única célula (ponto) no plano, então o espaço bidimensional à sua volta será dividido em grupos de células equivalentes formando camadas concêntricas à volta do objeto (Fig. 2.1(a)). De seguida, aplicamos a abordagem de Shannon sequencialmente. A célula *A é* única e contém o máximo de informação. À medida que nos afastamos da célula *A,* o potencial de informação diminui. *De acordo com a fórmula, o potencial de informação numa determinada célula depende apenas do número total de células em consideração (n) e do número de células de um determinado grupo (ni) . Por conseguinte, é evidente que, em cada camada subsequente, o potencial de informação é menor do que na camada anterior. No limite, as células do espaço formam círculos concêntricos para o modelo 2-D (Fig. 2.1(6)), ou esferas para o modelo 3-D.

Assim, o modelo de EF considerado reflecte corretamente a diminuição natural da informação potencial à medida que o "observador" se afasta do objeto.

Para aplicar este modelo de EF a objectos mais complexos constituídos por vários elementos, é necessário ter em conta que a informação, tal como a entropia, tem a propriedade da aditividade. Isto significa que podemos modelar a EF de um objeto complexo como uma sobreposição da EF dos seus elementos. Além disso, utilizando quaisquer propriedades dos elementos do objeto como caraterísticas de peso, podemos construir FEs ponderados. De facto, cada um desses campos reflecte informação sobre a distribuição da propriedade considerada no espaço. Por exemplo, a Fig. 2.2 mostra o PI ponderado pelas massas dos átomos da molécula de benzeno.

Resumindo os resultados obtidos, podemos concluir que o modelo do campo de informação potencial a partir de uma posição formal descreve a situação em que um objeto estrutura o espaço circundante, ou seja, gera informação potencial no mesmo.

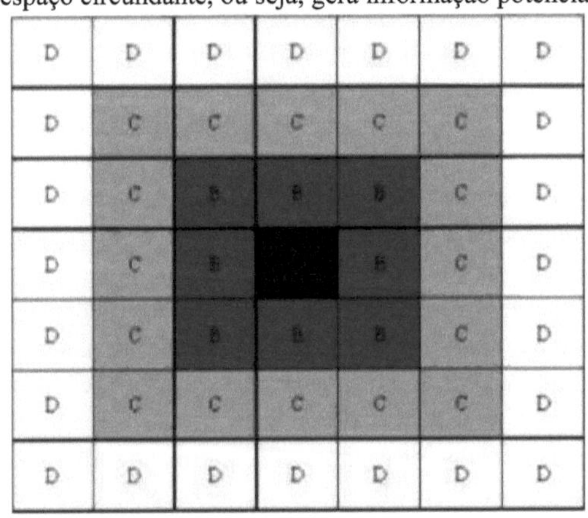

$1(A) = lb(N/T),\ 1(B) = lb(N/8),\ 1(C) = lb(N/16),\ 1(D) = lb(N/24)$

N é o número de células da área de espaço investigada.

---

* No modelo ilustrado em análise, não distinguimos as células "de canto" das células "não de canto" por uma questão de simplicidade."

a)

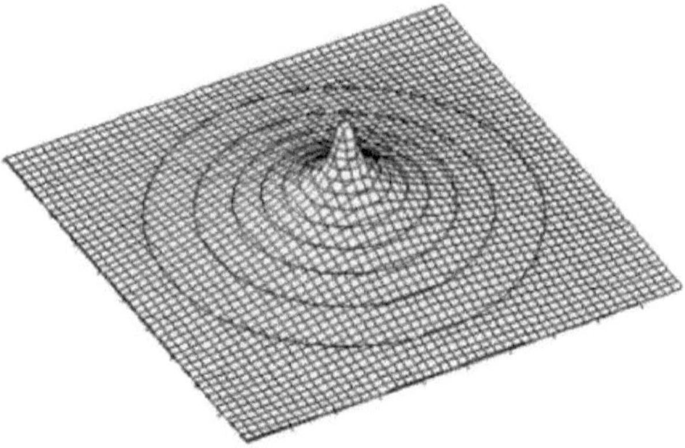

б)

Fig. 2.1. Fragmento do campo de informação do objeto pontual para o modelo 2D.

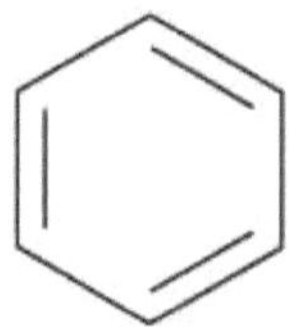

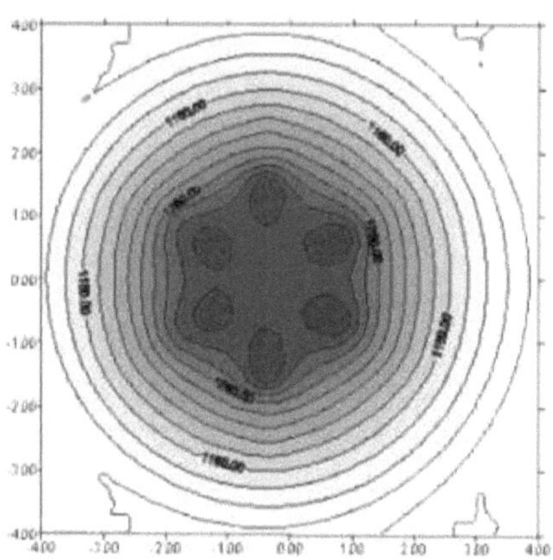

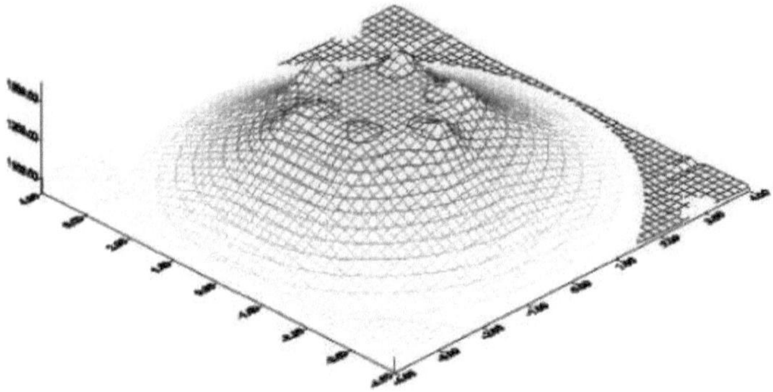

Figura 2.2: PI do benzeno ponderado pelas massas atómicas.

Devido a que interações ocorre essa estruturação? Muito provavelmente, devido ao complexo de campos físicos reais do objeto investigado. No entanto, neste contexto, não consideramos como ocorre a estruturação do espaço, mas apenas analisamos o seu resultado. Não rejeitamos os mecanismos físicos de transferência de informação do objeto para o espaço circundante, apenas não os especificamos.

2.2. Princípios de modelação

Desenvolvendo esta abordagem, é fácil passar do modelo da grelha para o modelo isotrópico do campo de informação para espaços de qualquer dimensão. Ilustremos o que precede para um espaço bidimensional. ε $\varepsilon \to 0$ Seja o passo de discretização do espaço igual a , onde é o parâmetro de afinação do modelo. Para estimar o potencial do campo de informação no plano (2 D - aproximação) para um objeto pontual a uma distância r da fonte (*I(r)*), precisamos de calcular o logaritmo binário do rácio do rácio da área total da área investigada (*I(r)*).

espaço (*S^*) à área de um anel circular (*S,.,,,*) de espessura *s*. Ou seja:

$$I(r) = lb(\frac{S_{общ}}{S_{сл}}) = lb\left[\frac{\pi R^2}{\pi((r+\varepsilon)^2 - r^2)}\right] = 2lb(R) - lb(\varepsilon) - lb(2 \cdot r + \varepsilon).$$

OcлDa mesma forma, calculamos *I(r)* para o espaço tridimensional, só que aqui consideramos o logaritmo binário da razão entre o volume de toda a região do espaço investigado (*U bsh.)* e o volume de uma casca esférica (*U)* com espessura *e*. Ou seja:

$$I(r) = lb(\frac{V_{общ}}{V_{сл}}) = lb\left[\frac{\frac{4}{3}\pi R^3}{\frac{4}{3}\pi((r+\varepsilon)^3 - r^3)}\right] = 3lb(R) - lb(\varepsilon) - lb(3r^2 + 3r\varepsilon + \varepsilon^2).$$

Todo o procedimento para espaços de diferentes dimensionalidades é ilustrado na Fig. 2.3 (aqui: *R* - define toda a região espacial em estudo (*r* varia de 0 a *R*); *I(r)* - potencial de informação da região espacial a uma distância r da "fonte" do campo; *I(0)* - potencial de informação no ponto correspondente à fonte do campo; *I(R)* - potencial de informação na fronteira da região espacial em estudo).

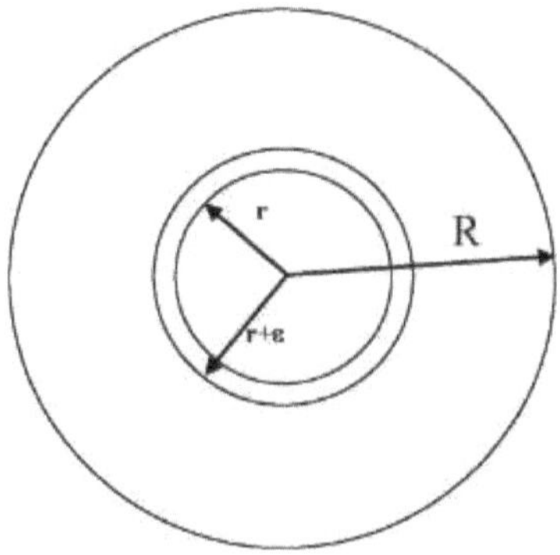

2D - espaço:

$I(r) = lb[(\pi R^2)/(\pi((r+\varepsilon)^2 - r^2))] = 2lb(R) - lb(\varepsilon) - lb(2r + \varepsilon);$

$I(0) = 2lb(R) - 2lb(\varepsilon) = 2lb(R/\varepsilon);$

$I(R) = 2lb(R) - lb(\varepsilon) - lb(2R+\varepsilon) \approx lb(R) - lb(\varepsilon) - lb(2);$

$\Delta I = I(0) - I(R) \approx lb(R) - lb(\varepsilon) + lb(2)$

3D - espaço:

$I(r) = lb[((4/3)\pi R^3)/((4/3)\pi((r+\varepsilon)^3 - r^3))] = 3lb(R) - lb(\varepsilon) - lb(3r^2+3r\varepsilon+\varepsilon^2);$

$I(0) = 3lb(R) - 3lb(\varepsilon) = 3lb(R/\varepsilon);$

$I(R) = 3lb(R) - lb(\varepsilon) - lb(3R^2+3R\varepsilon+\varepsilon^2) \approx lb(R) - lb(\varepsilon) - lb(3);$

$\Delta I = I(0) - I(R) \approx 2lb(R) - 2lb(\varepsilon) + lb(3)$

ND - espaço:

$I(0) = (N)lb(R/\varepsilon);$

$I(R) \approx lb(R) - lb(\varepsilon) - lb(N);$

$\Delta I \approx (N-1)lb(R) - (N-1)lb(\varepsilon) - lb(N)$

Fig.2.3. Modelo isotrópico do campo de informação.

Quando a dimensionalidade do espaço aumenta, há uma rápida dissipação do potencial (Fig. 2.4). Ou seja, quanto maior a dimensionalidade, mais rápida é a redução do potencial de EF.

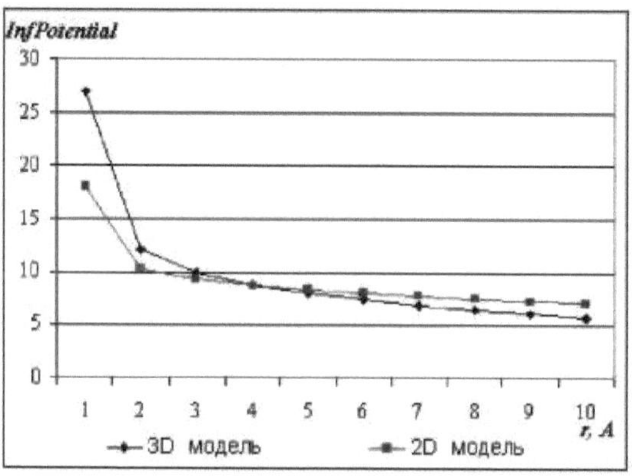

Fig.2.4. Variação do potencial de informação de um objeto pontual com a distância da

fonte de informação para modelos 2D e 3D.

Para o modelo 1D, o potencial de informação é uma constante. Neste caso, não há efeito de amortecimento porque não há dissipação de informação.
É de notar que todos os cálculos subsequentes dos parâmetros de informação foram efectuados no âmbito do modelo de EF isotrópico para o espaço tridimensional.

2.3. Cálculo dos parâmetros do campo de informação das moléculas

O termo "campo" é geralmente utilizado em física para designar uma parte do espaço (ou todo o espaço) em que se considera um fenómeno físico. Por exemplo, a temperatura do ar em diferentes pontos do espaço forma um campo de temperaturas, e a pressão atmosférica forma um campo de pressões. Uma carga eléctrica cria um campo eletrostático à sua volta: uma força, de magnitude e direção bem definidas, actua sobre cada carga eléctrica colocada num ponto do campo.
Podem ser dados muitos exemplos deste género. Em todos os casos, quando se trata de um fenómeno caracterizado por uma grandeza escalar (temperatura, pressão, etc.), o campo é designado por escalar. Se o fenómeno em questão for caracterizado por uma grandeza vetorial, o campo chama-se vetorial.
Do mesmo modo, podemos dar uma definição matemática de um campo [68, 70]. Se cada ponto do espaço *M* corresponde a uma quantidade escalar *U*, então existe um campo escalar *U(M)* (por exemplo, o campo da temperatura, da densidade num meio não homogéneo). Se um ponto *M* tem coordenadas cartesianas *(x, y, z)*, então também se escreve *U=U(x, y, z)* ou *U=U(r) com um* argumento vetorial (raio-vetor *r=xi+yj+zk*). As propriedades dos campos escalares podem ser visualizadas através de superfícies de nível. Estas são superfícies no espaço em que *U* tem um valor constante. São descritas pela função *U(x, y, z)=const*. Uma vez que a função que define um campo escalar é frequentemente designada por potencial, independentemente do seu significado físico, as superfícies de nível são também designadas por superfícies equipotenciais, ou seja, superfícies de igual potencial. *Pode* acrescentar-se que o valor *U* que caracteriza o campo escalar pode também depender do tempo, por exemplo, a temperatura do ar nos mesmos pontos pode ser diferente em diferentes instantes de tempo. No entanto, limitar-nos-emos a considerar apenas um campo escalar em que *U* não depende do tempo. Esse campo é chamado estacionário.
Se a cada ponto *M* do espaço corresponder um vetor V, fala-se de um campo vetorial *V(M)* (por exemplo, o campo de velocidades das partículas de um fluido em movimento, o campo de tensão eléctrica, o campo de tensão magnética, etc.). Tal como no caso dos campos escalares, em coordenadas cartesianas escreve-se: *V = V(x,y,z)* ou *V=V(r)* (*r*- raio-vetor). Um campo vetorial pode ser escrito em coordenadas cartesianas da seguinte forma: $_{xyz}V(x, y, z)= V (x, y, z)i+ V (x, y, z)j+ V (x, y, z)k.$ $_{xyz}$As componentes *V* , *V* , *V* formam três campos escalares e definem exclusivamente *V(r), a* função vetorial do argumento vetorial. Tal como acima, também aqui nos limitaremos a considerar apenas um campo vetorial estacionário independente do tempo.
É de notar que, no nosso caso, o campo de informação não é um campo físico, mas sim um campo matemático.

2.3.1. Um modelo de um campo de informação escalar.

No âmbito deste modelo, cada ponto do espaço corresponde a uma quantidade escalar - o potencial FE. Na secção 2.2. são dadas as fórmulas para calcular o potencial de EF para espaços de qualquer dimensionalidade. Ao introduzir parâmetros de peso que reflectem alguma propriedade dos elementos do objeto, é possível calcular potenciais de EF ponderados por essa propriedade.

2 13Como UI é um campo escalar, podemos calcular para ele o gradiente *(bit-A')* e a divergência *(bit A').* O gradiente do campo é um vetor que, em direção e valor numérico, caracteriza a maior taxa de variação da quantidade escalar *U* e é definido em cada ponto do campo _ _ . . . *ði., di ., di.*

por um rácio:

$$gradU = \frac{\partial U}{\partial x} i + \frac{\partial U}{\partial y} j + \frac{\partial U}{\partial z} k.$$

Assim, o gradiente do PI é uma grandeza vetorial que reflecte a direção da mudança máxima no campo de informação. Note-se que calculamos o valor do antigradiente do PI (gradiente com sinal negativo), uma vez que é importante para nós analisar a forma como a informação se propaga da fonte para o espaço circundante, e não vice-versa.

23A divergência *divV* exprime a densidade específica de fontes ou drenos do campo. Se *divV =0* numa região, então o campo vetorial *V(M)* nessa região é chamado livre de fontes. A divergência é definida como:

$$divV = \frac{\partial V_x}{\partial x} + \frac{\partial V_y}{\partial y} + \frac{\partial V_z}{\partial z}.$$

Para construir as fórmulas de cálculo do gradiente e da divergência do campo de gradiente IP, é necessário encontrar a primeira e a segunda derivadas do potencial, respetivamente. Como resultado, foram obtidas as seguintes fórmulas básicas para calcular o gradiente e a divergência do campo de gradiente IP:

$$GrdX = 3 \cdot \left(\frac{(x-a)\cdot(2d+\varepsilon)}{d\cdot(3d^2)+3\cdot\varepsilon\cdot d+\varepsilon^2 \ln 2}\right);$$

$$GrdY = 3 \cdot \left(\frac{(y-b)\cdot(2d+\varepsilon)}{d\cdot(3d^2)+3\cdot\varepsilon\cdot d+\varepsilon^2 \ln 2}\right);$$

$$GrdZ = 3 \cdot \left(\frac{(z-c)\cdot(2d+\varepsilon)}{d\cdot(3d^2)+3\cdot\varepsilon\cdot d+\varepsilon^2 \ln 2}\right);$$

$$Grad = \sqrt{(GrdX)^2 + (GrdY)^2 + (GrdZ)^2}$$

$$Div = -3 \cdot \frac{6\cdot d\cdot(d+\varepsilon)^2 + \varepsilon^2\cdot 3d + 2\cdot\varepsilon}{d\cdot(3d\cdot(d+\varepsilon)+\varepsilon^2)^2\cdot \ln 2};$$

$$d = \sqrt{(a-x)^2 + (b-y)^2 + (c-z)^2},$$

---

[2] A palavra "gradiente" vem do latim *gradiens* - caminhar. O conceito de "gradiente" foi utilizado pela primeira vez no século XIX em meteorologia como indicador da taxa de variação da temperatura e da pressão atmosféricas.

[3] O símbolo div vem da palavra latina *divergere* - detetar divergência.

para o modelo considerado do campo de informação "drenos" estão ausentes

em que *GrdX, GrdX, GrdX* são as projecções do vetor - o antigradiente de PI nos eixos x, y, z;
Grad é o comprimento do vetor - o antigradiente do PI;
Div é a divergência do campo de gradiente IP;
a, b, c - coordenadas da fonte;
x, y, z - coordenadas actuais de um ponto no espaço.
Em todos os casos, utilizámos o parâmetro de afinação do modelo e = 0,05.
Ao resolver vários problemas de estrutura-propriedade para as moléculas estudadas, as caraterísticas do campo de informação potencial em diferentes regiões do espaço quase molecular podem ser utilizadas como parâmetros estruturais: potencial, gradiente e divergência do campo de gradiente. Além disso, estes parâmetros, como indicado anteriormente, podem ser ponderados por diferentes propriedades dos átomos. Note-se que os pesos dos átomos são tomados em fracções relativas, ou seja, o valor de um parâmetro de peso de um certo tipo para um dado átomo é determinado pela razão entre este parâmetro de peso do átomo e a soma dos parâmetros de peso correspondentes de todos os átomos da molécula. Ou seja, os parâmetros de peso sem dimensão da propriedade P são determinados pela fórmula:,

$$v_i = \frac{P_i}{\sum_{i=1}^{n} |P_i|}$$

Em que i é o número do átomo
n é o número total de átomos na molécula;
Pi é a caraterística atómica em consideração.
Assim, os parâmetros de peso reflectem o grau de influência informativa deste ou daquele átomo.
A Fig.2.5 mostra, a título de ilustração, os mapas de potencial, gradiente e divergência do campo de gradiente IP para a molécula 1-bromo-3-fluorobenzeno. No cálculo destes parâmetros, a massa atómica foi utilizada como caraterística de peso.
Consideremos um campo escalar dado pela função *U = U(x,y,z)*, que se supõe ser uma função contínua e unívoca de *x, y* e *z* com derivadas parciais contínuas de primeira ordem. Definamos os pontos em que o valor do parâmetro é o mesmo, ou seja, os pontos em que a função *U (x,y,z)* toma o mesmo valor *C: U (x,y,z) = C.* Esta equação pode ser considerada como a equação de uma superfície qualquer no espaço.
Parece importante definir uma "primeira" superfície equipotencial que cubra toda a molécula, uma vez que essa superfície reflecte informação sobre a forma da estrutura molecular. Neste documento, em vez do termo "equipotencial", utilizamos o termo "superfície equi-informacional", o que significa que nos referimos a uma superfície com um valor do parâmetro IP (potencial, gradiente ou divergência do campo de gradiente). Como exemplo ilustrativo, a Fig. 2.6 e a Fig. 2.7 mostram as "primeiras" superfícies equipotenciais de informação dos parâmetros FE, cobrindo totalmente a estrutura molecular, para as moléculas 1-bromo-2-cloro-4-fluorobenzeno e dibromodifluoroetileno, respetivamente.
É de notar que é a "primeira" camada, que cobre completamente a estrutura, que contém informações importantes. Se tomarmos o valor do parâmetro IP muito grande, obteremos

uma região fechada dentro da estrutura, ou seja, uma tal casca equi-informacional não cobrirá completamente toda a molécula e a informação sobre a forma perde-se (Fig. 2.8).

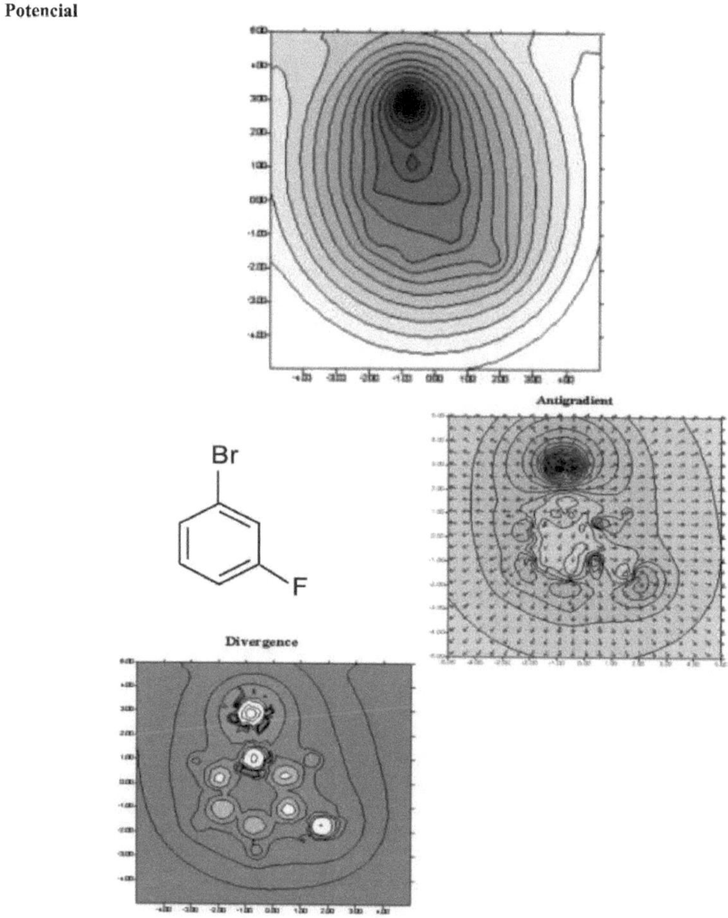

Figura 2.5. Parâmetros do campo de informação do 1-bromo-3-fluorobenzeno.

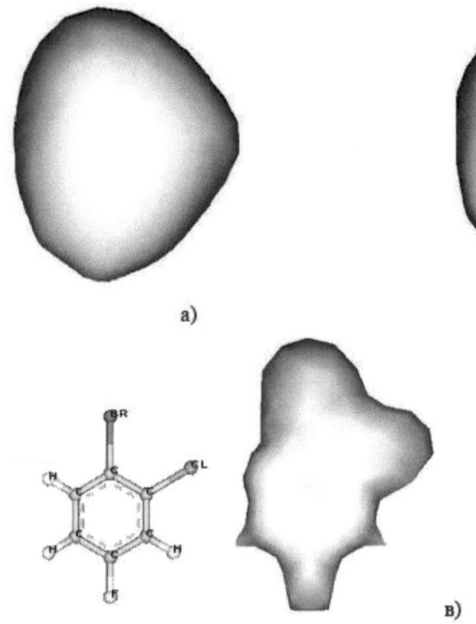

Fig. 2.6: Superfícies de informação equitativa dos parâmetros de EF para a molécula 1-bromo-2-cloro-4-fluorobenzeno: a) potencial, b) gradiente, c) divergência.

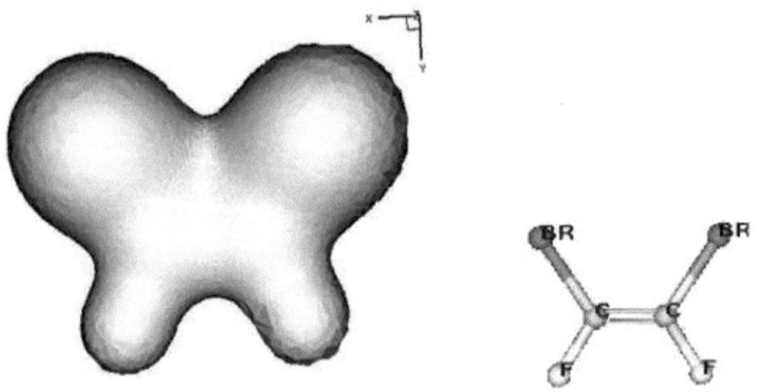

Figura 2.7. Casca de informação eletrónica do parâmetro de divergência IP para a molécula de Z-dibromodifluoroetileno.

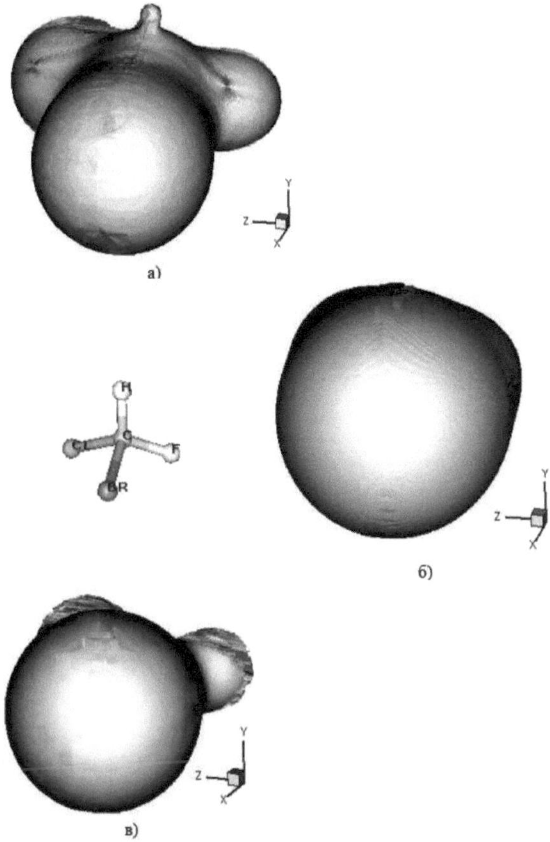

Fig.2.8. Cascas de equi-informação do parâmetro de divergência IP para a molécula de bromoclorofluorometano: a) "primeiro", b) "maior", c) "menor".

Se tomarmos um valor muito pequeno do parâmetro IP, obtemos uma região que envolve a estrutura investigada, mas os pormenores da forma ficam esbatidos, ou seja, neste caso, a informação sobre a forma da estrutura molecular também se perde. Ao construir superfícies de equi-informação, verificou-se que o parâmetro de divergência do campo de gradiente de PI reflecte a forma da estrutura molecular com mais pormenor do que o potencial e o gradiente, ou seja, contém informações mais precisas sobre a forma da molécula. Deve também notar-se que podem ser construídos campos de informação ponderados. Como resultado da análise de cascas equipotenciais de várias moléculas, sugeriu-se que as cascas equipotenciais podem ser utilizadas no estudo da estrutura de uma molécula, da sua forma.

2.3.2. Modelo vetorial do campo de informação.

O modelo de campo de informação vetorial é proposto como um desenvolvimento do conceito de EF. Se, ao modelar um FE escalar, cada ponto do espaço corresponde a uma quantidade escalar, ao considerar um FE vetorial, cada ponto do espaço corresponde a três caraterísticas escalares, que são na realidade componentes vectoriais. Ou seja, se um objeto (molécula) for representado como um sistema de vectores - fontes, então, utilizando as componentes destes vectores como parâmetros de peso, é possível construir uma EF vetorial do objeto (molécula) estudado (Fig. 2.9).

Um determinado vetor *a* corresponde a um elemento do objeto:

$$a(t) = a_x(t)i + a_y(t)j + a_z(t)k$$,

$a_x(t), a_y(t), a_z(t)$ onde são as projecções do vetor *a* sobre os eixos *do* sistema de coordenadas rectangulares no espaço, *i, j, k são o* sistema de coordenadas ortogonais, o vetor *a* é uma função de alguma propriedade *t.*

Em seguida, em cada ponto do espaço que rodeia o objeto, o vetor correspondente do vetor FE pode ser calculado (Fig. 2.9).

O comprimento do vetor de EF *LV(i)* no ponto *i* do espaço é determinado pela fórmula:

$$LV(i) = \sqrt{(a'_x(i))^2 + (a'_y(i))^2 + (a'_z(i))^2}$$

$a_x(i), a_y(i), a_z(i)$ em que são projecções do vetor FE no ponto atual do espaço sobre o *eixo x,*

y, z, calculados como:

$$a'_x(i) = I(i) \cdot a_x(i);$$
$$a'_y(i) = I(i) \cdot a_y(i);$$
$$a'_z(i) = I(i) \cdot a_z(i);$$

$_{xyz}$em que *a (i), a (i), a (i) são* projecções do vetor fonte do PI nos eixos *x, y, z; I(i) é o* potencial de informação no ponto *i.*

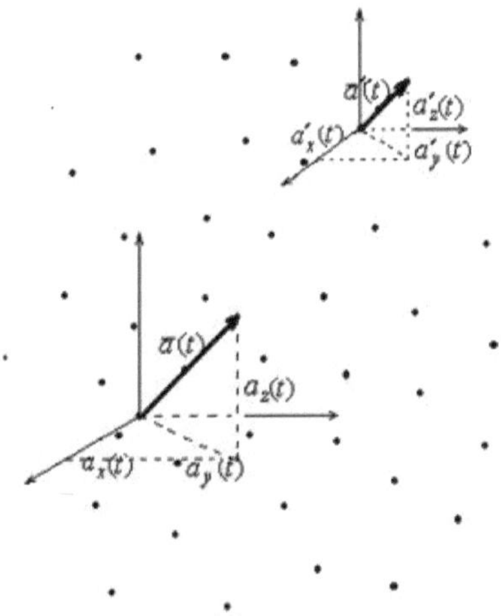

Fig. 2.9. Construção do vetor FE no ponto atual do espaço.

As fórmulas para calcular o potencial vetorial (*VIP(i))* e a divergência (*VD(i))* do vetor IP são dadas a seguir.

$$VIP(i) = 3 \cdot x(i) \cdot \left(\frac{(x-m)\cdot(2d+\varepsilon)}{d\cdot(3d^2)+3\cdot\varepsilon\cdot d+\varepsilon^2\ln 2}\right)\cdot a_x(i) +$$

$$+3\cdot y(i)\cdot\left(\frac{(y-n)\cdot(2d+\varepsilon)}{d\cdot(3d^2)+3\cdot\varepsilon\cdot d+\varepsilon^2\ln 2}\right)\cdot a_y(i) +$$

$$+3\cdot z(i)\cdot\left(\frac{(z-p)\cdot(2d+\varepsilon)}{d\cdot(3d^2)+3\cdot\varepsilon\cdot d+\varepsilon^2\ln 2}\right)\cdot a_{z;}(i)$$

$$VD(i) = a_x''(i) + a_y''(i) + a_z''(i),$$

Onde

$$a_x''(i) = 3\cdot\left(\frac{(x-m)\cdot(2d+\varepsilon)}{d\cdot(3d^2)+3\cdot\varepsilon\cdot d+\varepsilon^2\ln 2}\right)\cdot a_x(i);$$

$$a_y''(i) = 3\cdot\left(\frac{(y-n)\cdot(2d+\varepsilon)}{d\cdot(3d^2)+3\cdot\varepsilon\cdot d+\varepsilon^2\ln 2}\right)\cdot a_y(i);$$

$$a_z''(i) = 3\cdot\left(\frac{(z-p)\cdot(2d+\varepsilon)}{d\cdot(3d^2)+3\cdot\varepsilon\cdot d+\varepsilon^2\ln 2}\right)\cdot a_z(i).$$

Se o objeto for um sistema de vectores, então em cada ponto do do espaço circundante, calcula-se a sobreposição dos elementos do vetor IP. Como exemplo, podemos considerar o campo de informação vetorial e a divergência do vetor IP da molécula de 1-bromo-3-clorobenzeno representado por dois vectores cujos comprimentos reflectem a polaridade das ligações carbono-halogénio (Fig. 2.10.).

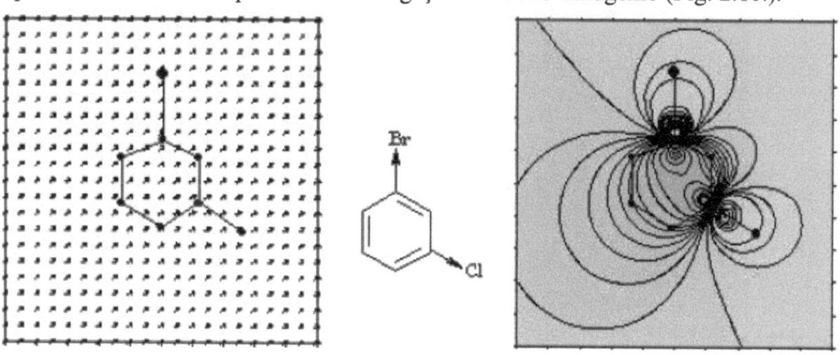

a) б)

Fig.2.10: Vetor FE (a) e divergência do vetor FE (b) do 1-bromo-3-clorobenzeno.

O modelo vetorial do PI pode ser utilizado quando a molécula em estudo pode ser representada sob a forma de vectores, por exemplo, reflectindo os momentos de dipolo dos grupos que compõem essa molécula. Parece-nos que este modelo vetorial do campo de informação pode também ser utilizado na análise das ligações de hidrogénio. Considerando uma molécula como um sistema de vectores de um certo comprimento que reflectem os fragmentos dadores e aceitadores da molécula, é possível construir um vetor

IP que caracteriza a possível formação potencial de uma ligação de hidrogénio (secção 4.1.1.).

[4]Além disso, propõe-se o cálculo de mais um parâmetro importante do campo vetorial - o *rotor* do campo vetorial *rot*. Se considerarmos o campo de gradiente IP, este é potencial e é bem definido por uma função escalar - potencial. Existe um teorema sobre as condições de potencialidade: para que um campo vetorial $a = a(x, y, z)$ seja potencial, é necessário e suficiente que não tenha vórtices, ou seja, que seja potencial.

$$rot\ a = 0.$$

Se considerarmos o modelo de um campo de informação vetorial, então para esse campo faz sentido calcular o rotor, uma vez que esse campo não é potencial.

No âmbito do modelo de FE vetorial, uma molécula é representada como um sistema de vectores. Para além das formas de representação vetorial acima propostas, utilizámos mais um esquema de representação de vectores que caracterizam o objeto em estudo. Cada átomo corresponde a um determinado valor de potencial ponderado por alguma propriedade dos átomos. Considerando cada ligação numa molécula, podemos gerar para cada átomo que forma essa ligação um vetor cujo comprimento é igual à diferença de potenciais nos átomos correspondentes dividida por 2 (Fig. 2.11). O vetor resultante é dirigido ao longo da ligação, do átomo com o maior valor de potencial para o átomo com o menor valor. Como resultado deste procedimento, ao considerar todas as ligações de uma molécula, para cada átomo temos um conjunto de vectores, que são depois somados e obtém-se o vetor resultante. Para ilustrar este esquema de cálculo de vectores, apresenta-se na Fig. 2.11 um exemplo de um objeto constituído por três elementos. [2]Como resultado, para cada elemento obtemos os vectores *a1,a , a3* respetivamente.

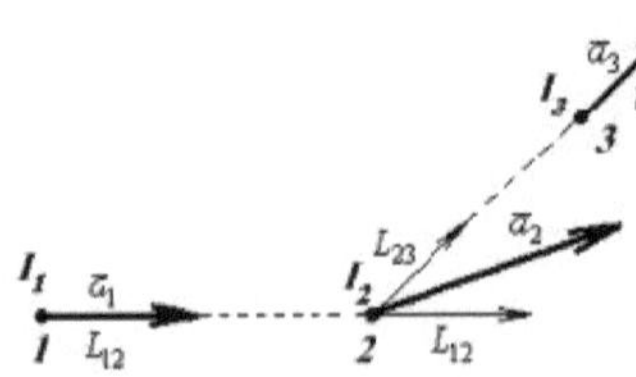

$$I_1 > I_2; \quad L_{12} = \frac{|I_1 - I_2|}{2};$$

$$I_2 > I_3; \quad L_{23} = \frac{|I_2 - I_3|}{2}.$$

Fig. 2.11. Exemplo de formação de um modelo vetorial de um objeto constituído por três elementos

Tendo obtido pelo método acima o sistema de vectores correspondentes, é possível calcular em cada ponto do espaço envolvente o rotor - vetor com *dA*,

$\frac{\partial A_z}{\partial y} - \frac{\partial A_y}{\partial z}, \frac{\partial A_x}{\partial z} - \frac{\partial A_z}{\partial x}, \frac{\partial A_y}{\partial x} - \frac{\partial A_x}{\partial y}$ projecções sobre eixos coordenados.

[4] O símbolo *rot* vem da palavra latina abreviada *rotatio* - rotação. O símbolo *curl* também vem da palavra inglesa *curl - curl, curl.*

$$\begin{cases} rot_x A = \dfrac{\partial A_z}{\partial y} - \dfrac{\partial A_y}{\partial z}; \\ rot_y A = \dfrac{\partial A_z}{\partial z} - \dfrac{\partial A_z}{\partial x}; \\ rot_z A = \dfrac{\partial A_y}{\partial x} - \dfrac{\partial A_x}{\partial y}. \end{cases}$$

Nós percebemos:

$$rotA = (\frac{\partial A_z}{\partial y} - \frac{\partial A_y}{\partial z})i + (\frac{\partial A_x}{\partial z} - \frac{\partial A_z}{\partial x})j + (\frac{\partial A_y}{\partial x} - \frac{\partial A_x}{\partial y})k.$$

Ou noutro post:

O comprimento do vetor-rotor é determinado pela seguinte fórmula:

$$Rotor = \sqrt{(rot_x A)^2 + (rot_y A)^2 + (rot_z A)^2}.$$

Um parâmetro como o rotor de um FE vetorial também pode ser utilizado como parâmetro estrutural para resolver problemas QSAR.

2.4. Influência das alterações da estrutura de uma molécula nos parâmetros do seu campo de informação

Para ilustrar as possibilidades do conceito de campo de informação desenvolvido, foram considerados vários exemplos de modelos - vários derivados de benzeno.

No âmbito do modelo de EF escalar, foram calculados parâmetros de EF como o potencial, o gradiente e a divergência do campo de gradiente de EF para todos os sistemas investigados. Ao calcular estes parâmetros, a massa dos átomos das moléculas foi utilizada como caraterística de peso. As moléculas investigadas foram colocadas inteiramente numa região do espaço que representa uma esfera de raio 5A. Depois, tendo em cada ponto os valores dos parâmetros de PI acima mencionados, calculámos para cada molécula o potencial de informação total (*SumI),* o potencial de informação nas células ocupadas, as caraterísticas médias (*I*) dos parâmetros e o seu desvio padrão (S):

$$SumI = \sum_{i=1}^{N} I_i; \quad I = \frac{\sum_{i=1}^{N} I_i}{N}; \quad S = \sqrt{\frac{\sum_i (I_i - I)^2}{N-1}}.$$

em que *N é o* número total de pontos no espaço;

$_iI$ - valor do parâmetro no ponto *i.*

Os benzenos monosubstituídos foram considerados na primeira amostra de moléculas investigadas. Como se pode ver na Fig. 2.12, o potencial de informação total e as caraterísticas médias dos campos de informação em todos os casos aumentam naturalmente com o aumento da massa do substituinte. O desvio padrão do desvio quadrático médio das várias caraterísticas do campo de informação comporta-se de forma semelhante.

Na segunda amostra de moléculas investigadas, foram considerados todos os isómeros do difluorobenzeno (Fig. 2.13). Como seria de esperar, todas as caraterísticas calculadas do campo de informação diminuem naturalmente na transição do isómero o para o isómero p. Obviamente, isto deve-se à influência mútua dos campos de informação dos átomos de flúor. Obviamente, isto deve-se à influência mútua dos campos de informação dos átomos de flúor. No caso do isómero o, os átomos de flúor aumentam ao máximo a influência mútua entre si.

A amostra mais interessante das moléculas investigadas são todos os isómeros do fluoroclorobromobenzeno. Se analisarmos o conteúdo de informação do gráfico molecular para todos eles, podemos facilmente ver que é o mesmo para todos os compostos e atinge o valor lb(9) (tendo em conta o ambiente, todos os átomos são diferentes).

No entanto, as caraterísticas do campo de informação de todas estas moléculas são diferentes e permitem-nos discriminar todas estas moléculas (Figura 2.14).

O sinergismo da influência mútua dos campos de informação dos substituintes é máximo para os isómeros 1, 2 e 4. Para os isómeros 7, 8 e 10, a interação de informação dos substituintes é mínima, uma vez que são os mais distantes entre si.

Esta amostra de isómeros de fluoroclorobromobenzeno foi também investigada no âmbito do modelo de EF vetorial (Fig. 2.15). As moléculas foram representadas como sistemas vectoriais obtidos de acordo com o esquema descrito na Secção 2.3.2. O potencial, a divergência e o rotor do vetor de EF foram calculados para estes compostos. Ao calcular os parâmetros do vetor FE, a massa dos átomos da molécula foi utilizada como caraterística de ponderação, tal como no caso do FE escalar. As moléculas investigadas foram inteiramente colocadas numa região do espaço que representa uma esfera de raio 5A. Em cada ponto da região selecionada, foram calculados os parâmetros acima referidos do vetor IP. Em seguida, foi efectuado o tratamento estatístico dos dados, tendo sido calculadas as caraterísticas médias dos parâmetros (*I*) e o seu desvio padrão (S) para cada molécula.

Como resultado da análise dos dados obtidos utilizando o modelo vetorial IP, verifica-se que, neste caso, os parâmetros estruturais obtidos também permitem distinguir os isómeros. Se os substituintes estiverem mais distantes uns dos outros, observa-se uma interação mínima de informação (isómeros 7, 8, 10). O sinergismo da influência mútua dos campos de informação dos substituintes é máximo para os isómeros 1, 3 e 4, porque os substituintes pesados nestas moléculas estão localizados mais perto uns dos outros do que nos outros isómeros.

Assim, verifica-se que os parâmetros do campo de informação são bastante sensíveis às alterações da estrutura molecular e, com toda a probabilidade, podem ser utilizados como parâmetros estruturais para resolver problemas de "estrutura-propriedade".

Capacidade de informação

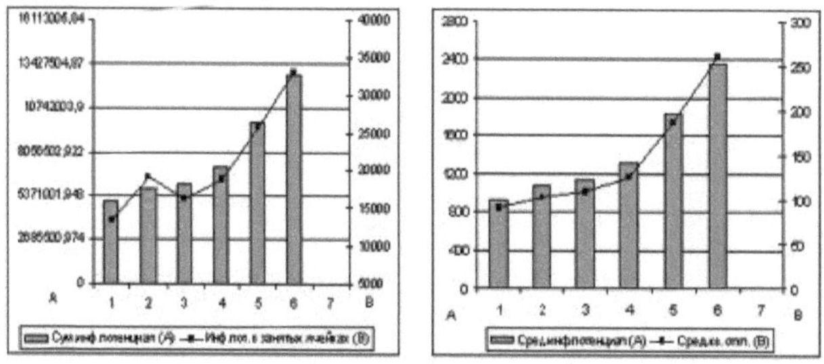

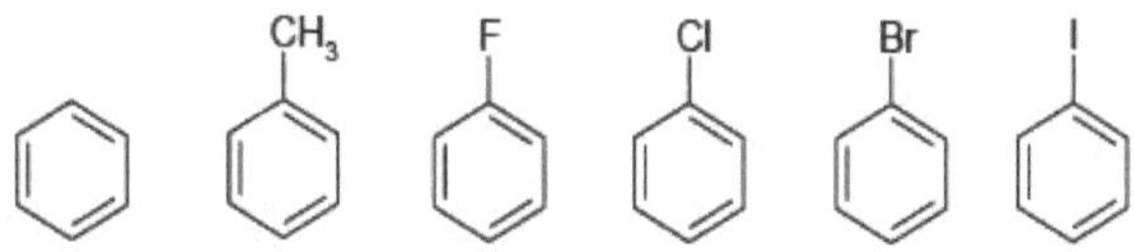

1 2 3 4 5 6

Módulo de gradiente Divergência

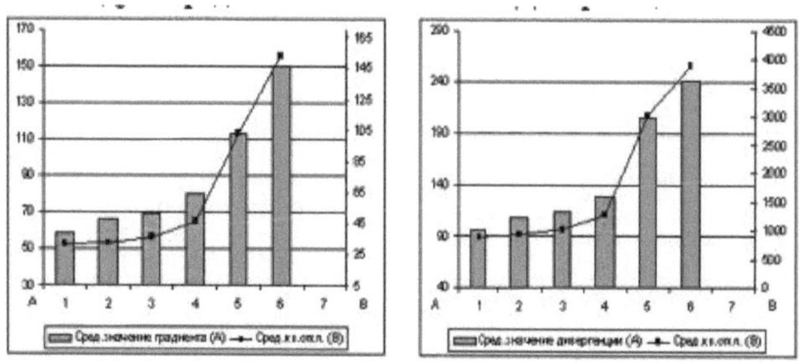

Fig.2.12. Parâmetros do campo de informação escalar dos benzenos monossubstituídos.

Capacidade de informação

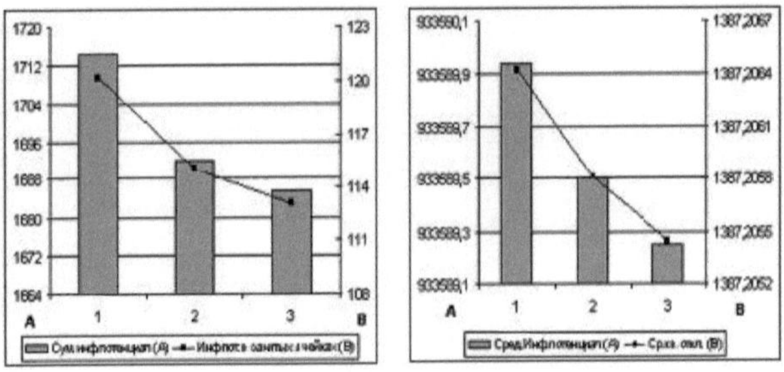

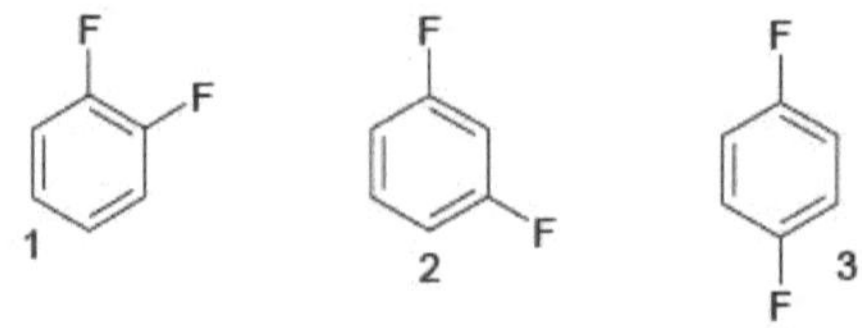

Módulo de gradiente Divergência

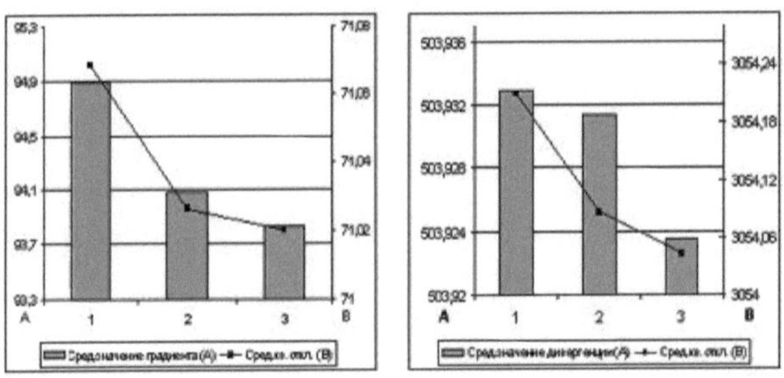

Fig. 2.13. Parâmetros do campo de informação escalar dos isómeros do difluorobenzeno.

Capacidade de informação

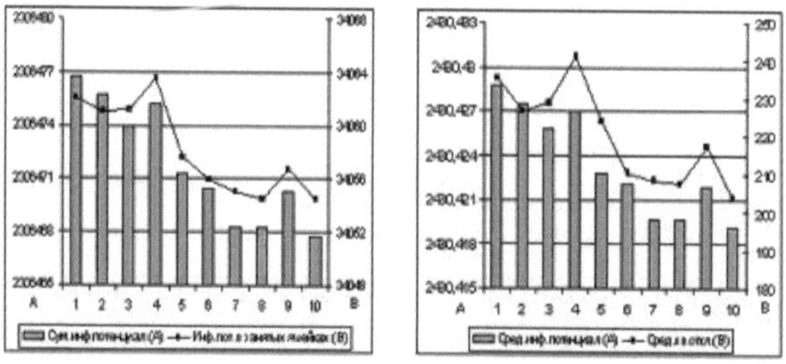

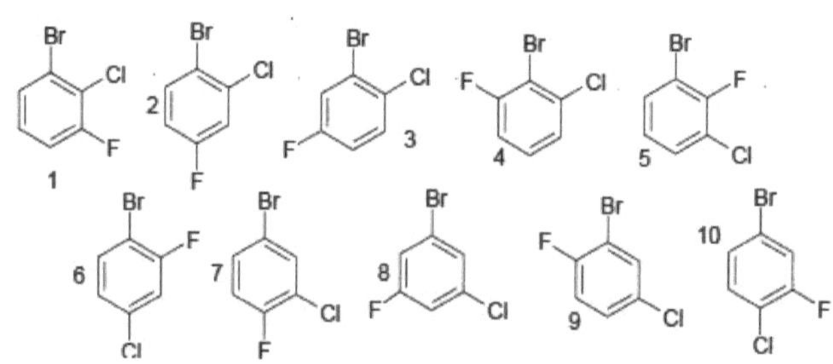

Módulo de gradiente Divergência

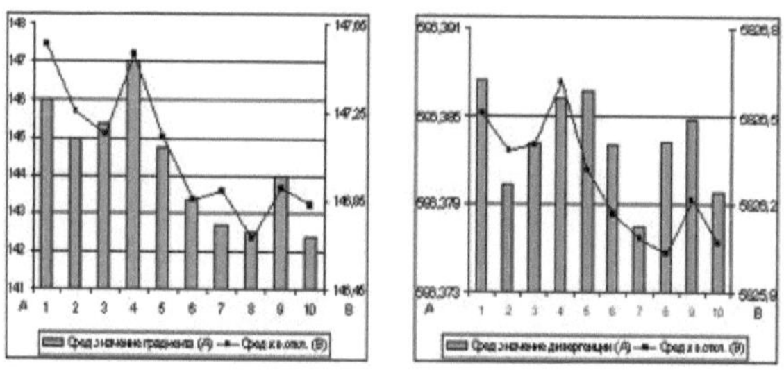

Fig. 2.14. Parâmetros do campo de informação escalar dos benzenos trissubstituídos.

Vetor potencial IP Divergência do vetor IP

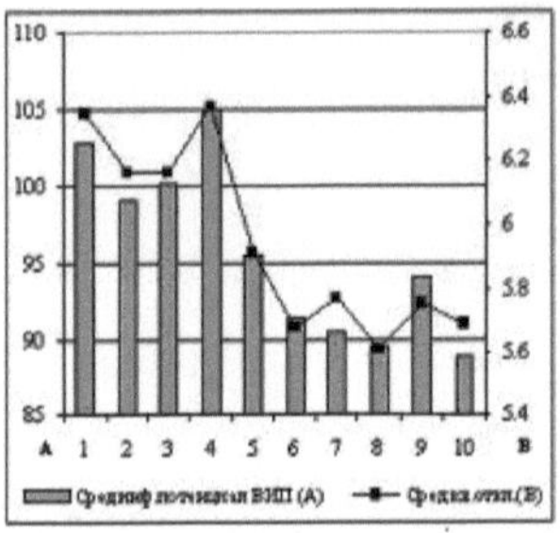

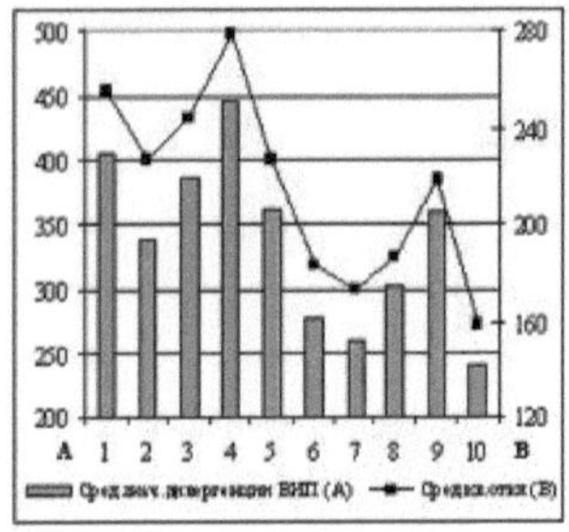

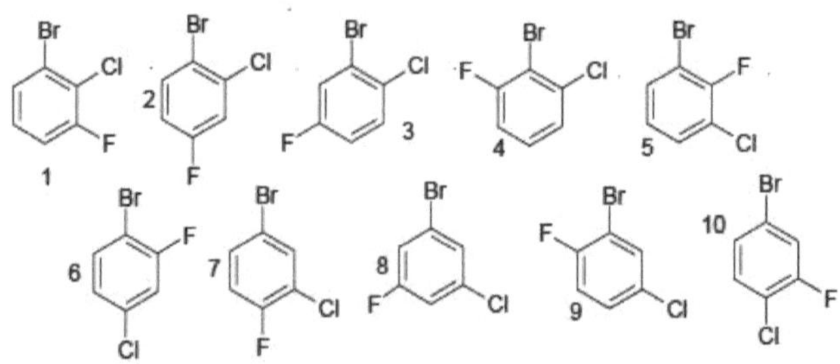

Rotor do vetor IP

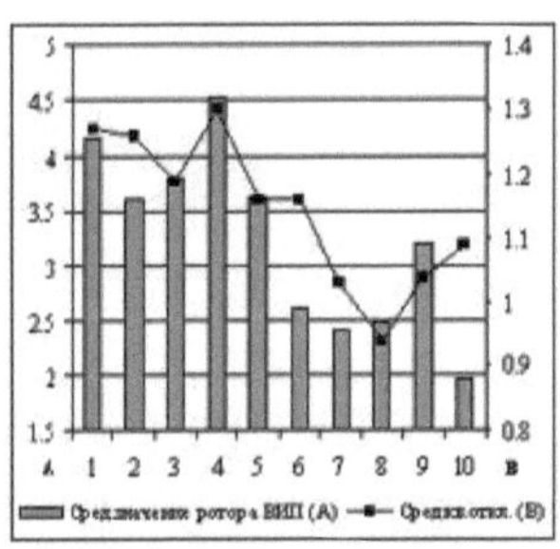

Fig. 2.15. Parâmetros do campo de informação vetorial dos benzenos trissubstituídos.

CAPÍTULO 3

ASPECTOS FUNDAMENTAIS DO CONCEITO DE CAMPO DE INFORMAÇÃO DE UMA MOLÉCULA

Esta secção analisa as principais formas de desenvolvimento do conceito de campo de informação molecular e as aplicações daí resultantes, em particular, a modelação do campo de informação de quiralidade (ChIF), a utilização de parâmetros do campo de informação para a análise da ligação complementar hóspede-hospedeiro, a avaliação da semelhança estrutural, etc.

3.1. Modelação do campo de informação de quiralidade

Uma aplicação importante do conceito desenvolvido é a possibilidade de construir o IP de quiralidade [71]. Para a construção do IPC utilizámos uma simbiose de dois modelos:

"cargas estereoquímicas" [72, 73] e "cargas moleculares " [74].

do campo de informação [58, 74]. De facto, ao construir o campo de informação de uma molécula, ponderámo-lo pelas "cargas estereoquímicas". Em todos os casos, o parâmetro de peso (sem dimensão) foi equiparado à carga estereoquímica ou ao seu valor normalizado:

$$SC_i^{Norm} = \frac{SC_i}{\sum_i^N |SC_i|},$$

SC_i^{Norm} em que *é o* valor normalizado da carga "estereoquímica" do i-ésimo átomo; $_jSC$ é a "carga estereoquímica" do i-ésimo átomo; *i*- o número de átomos na molécula.

O cálculo das "cargas estereoquímicas" baseia-se na representação simplex da estrutura molecular [72]. Uma molécula é representada como um sistema de simplexes (fragmentos de quatro pontos) de quiralidade fixa (R, S, 0 são acirais). Para cada simplex, é avaliada uma medida quantitativa de quiralidade (*EDF*). A carga estereoquímica de um átomo é igual a 1/4 da *EDF* média *de* todos os simplexes a que esse átomo pertence.

De facto, a "carga estereoquímica" de um átomo reflecte o grau de "esquerda" ou "direita" do ambiente quiral em que esse átomo se encontra.

O potencial de informação do campo de quiralidade assim construído em cada ponto do espaço reflecte a influência dos fragmentos "esquerdo" e "direito" (simplexes) da molécula em estudo sobre a dissimetria do espaço nesse ponto. Por outras palavras, o espaço é dissimetrizado e torna-se "direito" perto dos fragmentos "direitos" e "esquerdo" perto dos fragmentos "esquerdos".

Consideremos o caso mais simples - uma molécula com um centro assimétrico. O IPC da molécula de bromo-fluoro-clorometano tem regiões de potencial de informação positivo e negativo (por outras palavras: quiralidade "direita" e "esquerda"). Não se compensam mutuamente, pelo que, em geral, a molécula é quiral e apresenta uma influência "direita" no espaço circundante (Fig. 3.1). O esquema de divisão da molécula em simplexes é apresentado a seguir e são dados os valores das "cargas estereoquímicas" para cada átomo da molécula.

Cargas estereoquímicas

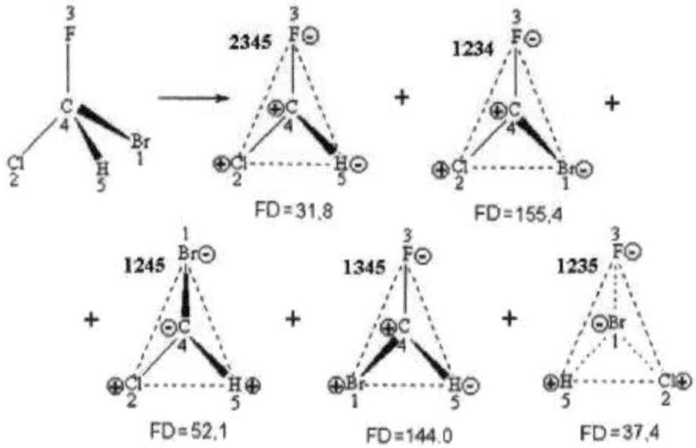

H: -0,08; F: -0,33; C: +0,26; Cl: +0,24; Br: -0,09

$_{s}$Se tomarmos como exemplo a molécula aciral difluoro-clorometano (simetria C), o quadro muda significativamente, uma vez que as regiões disponíveis de potenciais de quiralidade positivos e negativos, por razões óbvias, se compensam completamente (Fig. 3.2).

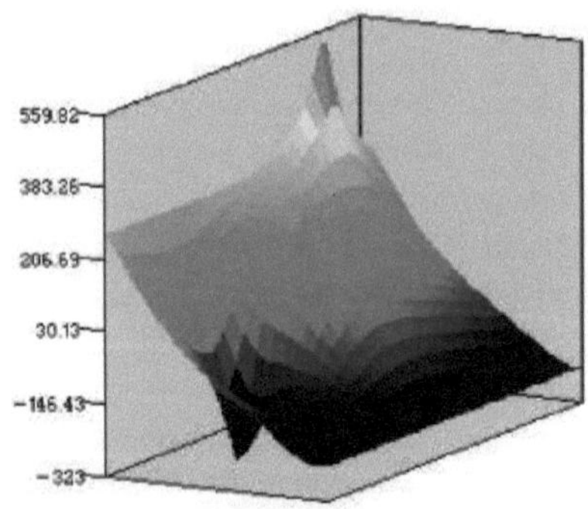

Fig.3.1 Campo de informação da quiralidade do bromo-fluoro-clorometano.

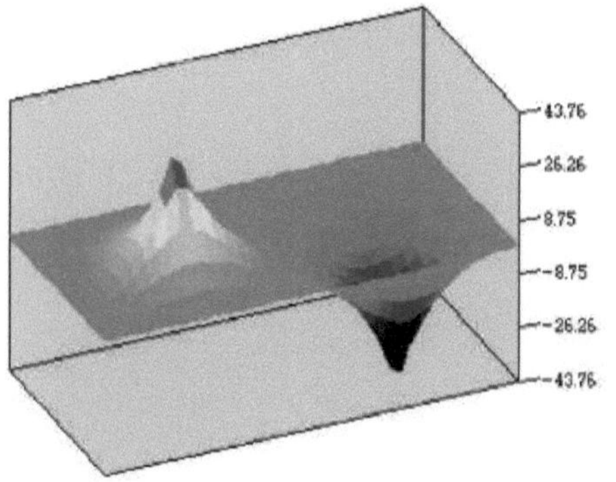

Fig.3.2 Campo de informação da quiralidade da molécula de difluoro-clorometano.

$_2$Outro exemplo é a molécula de hexageliceno (simetria C). Ela cria um campo de quiralidade de um sinal, neste caso negativo ("esquerda") (Fig. 3.3).
Consideremos outro caso - a molécula aciral do dibromo-difluoro-dicloroetano. Tem dois centros assimétricos de configuração oposta (meso-forma) e possui simetria central C;. Se "cortarmos" esta molécula ao longo dos eixos principais de inércia, podemos observar que o valor do potencial de informação muda, passando por zero com uma mudança de sinal para o oposto. Além disso, observa-se uma simetria rigorosa da imagem. E se resumirmos a informação no conjunto do espaço observado, ela corresponderá a uma quiralidade zero: a parte esquerda da molécula compensa a influência da parte direita (Fig. 3.4).

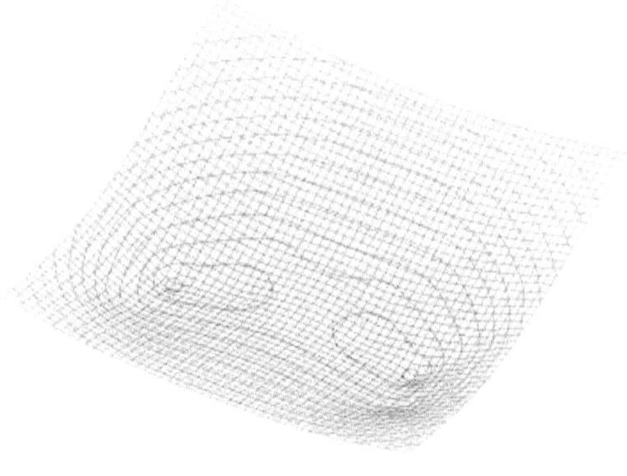

Fig.3.3 Campo de quiralidade da molécula de hexageliceno.

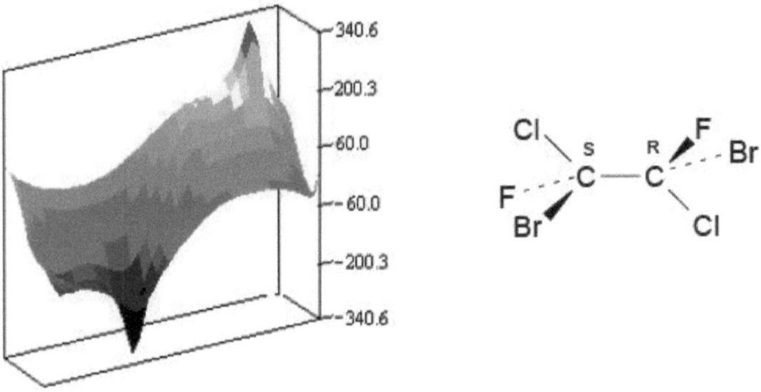

Fig.3.4 Campo de informação da molécula aciral de dibromo-difluoro-dicloroetano.

$_{2}$Para a molécula quiral dibromo-difluoro-dicloroetano (simetria C) não observamos, naturalmente, tal quadro. Independentemente da forma como "cortamos" a molécula ao longo dos eixos principais de inércia e avaliamos o potencial médio de informação, este será sempre do mesmo sinal; neste caso, é positivo. Ou seja, esta molécula cria apenas o campo quiral "correto" à sua volta, e nenhum outro (Fig. 3.5).

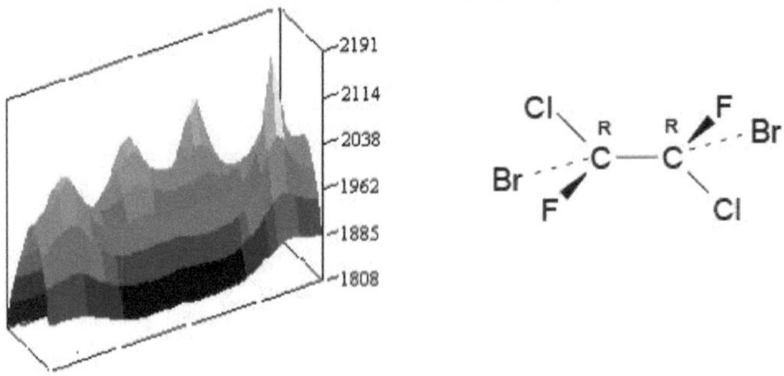

Fig.3.5 Campo de informação da molécula quiral de dibromo-difluoro-dicloroetano.

É necessário prestar atenção a um facto tão interessante: em todos os casos, as moléculas quirais com simetria axial criam à sua volta um campo de um só sinal. Como ilustração, damos o IPC do trans,trans,trans- peridrotrifenileno. $_{3}$A molécula tem simetria D , não tem elementos de quiralidade conhecidos (centro, eixo, plano), mas é quiral. Esta molécula cria um campo simétrico de um sinal no espaço circundante (Fig. 3.6).

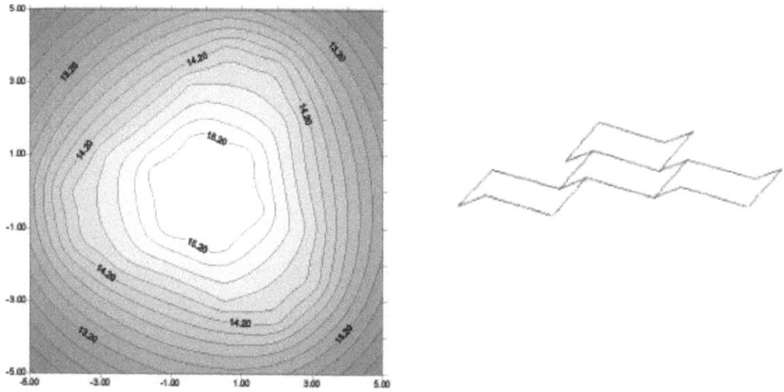

Fig.3.6. Projeção do IPC no plano RMS da molécula de trans,trans,trans-peridrotrifenileno.

3.2. Análise do campo de informação de quiralidade para fulerenos dissimétricos

Para investigar as possibilidades do IPC, foram analisados vários fulerenos com espinha dorsal dissimétrica, foi feita uma análise comparativa do IPC dentro e fora das moléculas e foi feita uma tentativa de modelar o IPC homogéneo.

Foram estudados os seguintes compostos: C32, C60, C76, C78. Os IPCs foram analisados para estes compostos.

Consideremos o campo de informação de quiralidade do fulereno C76. $_2$A molécula tem simetria D . Não existe aqui nenhum elemento de quiralidade conhecido [75]. Esta molécula cria um campo de quiralidade de apenas um sinal no espaço circundante.

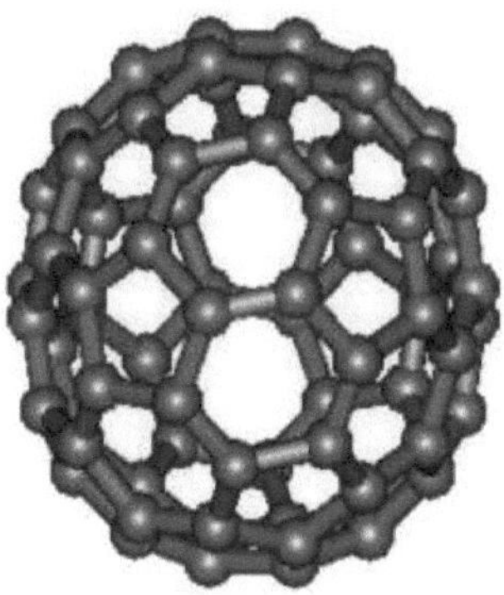

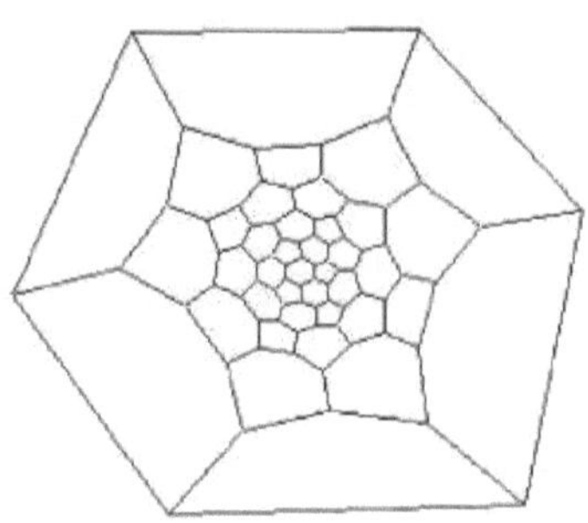

É interessante notar que o quadro qualitativo para os campos de informação dentro e fora da molécula é quase idêntico, mas quando se consideram as moléculas mais pequenas C32 e C60, o campo dentro da cavidade da molécula é, como seria de esperar, mais intenso.

É de notar que o tipo de IPC reflecte as peculiaridades da geometria da molécula, determinando a posição dos elementos de simetria. O acima exposto é bem ilustrado pelo exemplo do campo de informação de quiralidade do fulereno C76, onde as direcções dos eixos de simetria de segunda ordem são claramente expressas (Fig. 3.7)

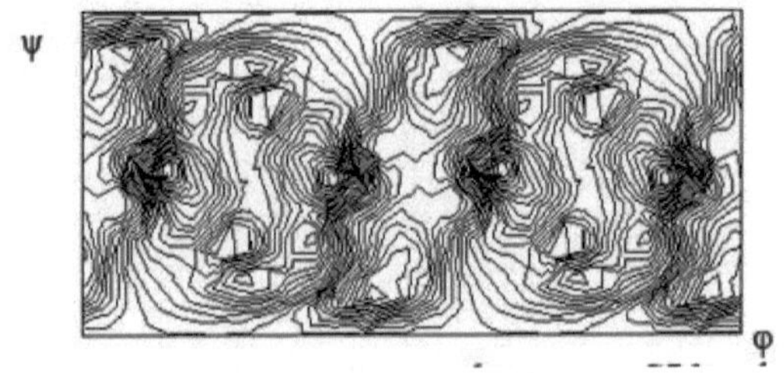

Quiralidade IP no exterior da molécula de fulereno C76 em coordenadas esféricas.

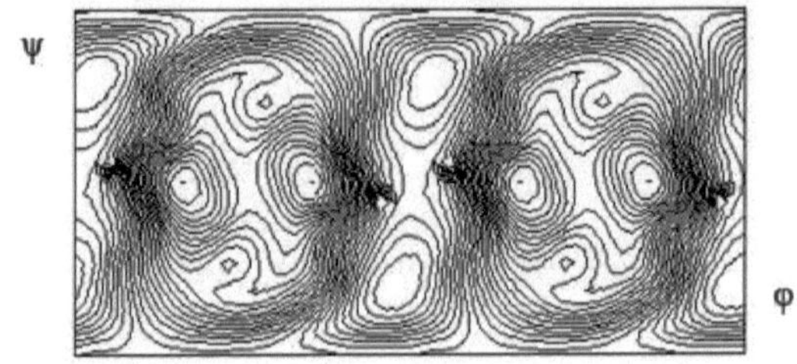

Quiralidade IP numa molécula de fulereno C76 em coordenadas esféricas.

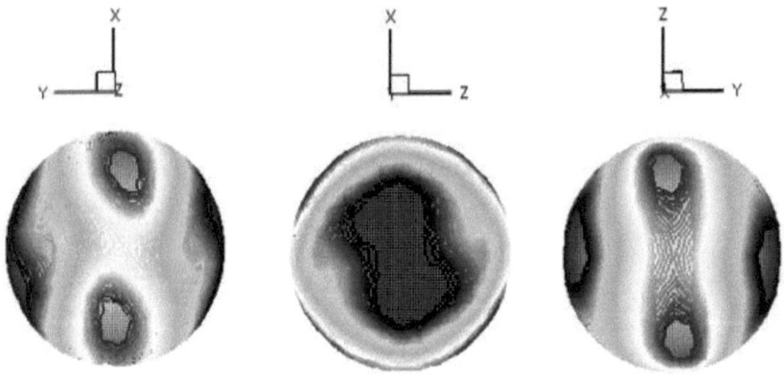

$_2$Fig.3.7. IPC numa superfície esférica em torno da molécula de fulereno C76: a direção dos eixos de simetria C corresponde aos eixos coordenados.

Em todos os casos, os sinais do campo de quiralidade são determinados pelo tipo de enantiómero ("esquerdo" ou "direito"). Naturalmente, um par de enantiómeros gera sempre campos de quiralidade de sinais opostos.

Os mapas de quiralidade IP da quiralidade dentro e fora das moléculas para os fulerenos C32, C60 e C78 são apresentados abaixo.

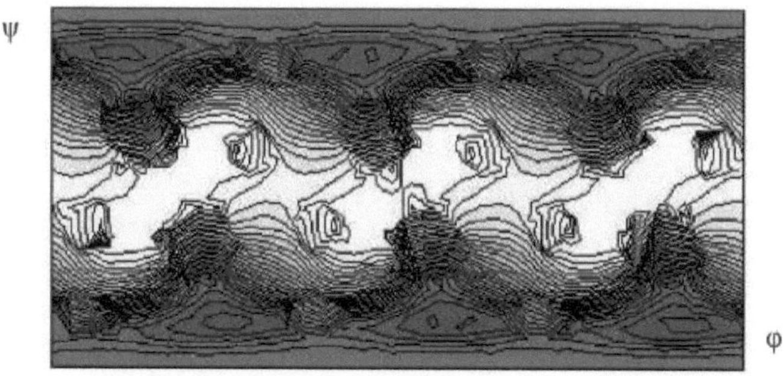

Quiralidade IP no interior da molécula de fulereno C32 em coordenadas esféricas

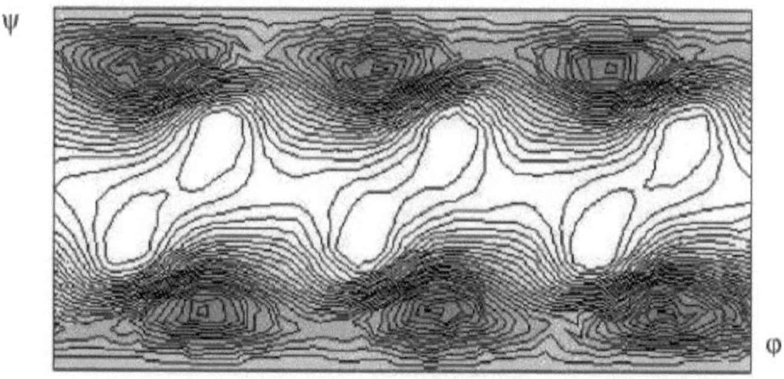

Quiralidade IP no exterior da molécula de fulereno C32 em coordenadas esféricas

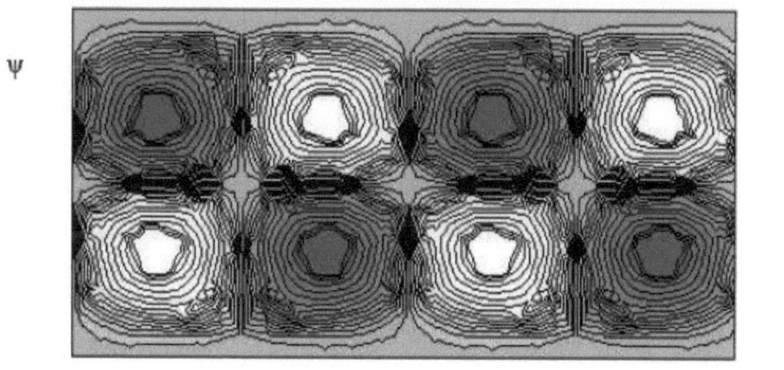

Quiralidade IP no interior da molécula de fulereno C60 em coordenadas esféricas

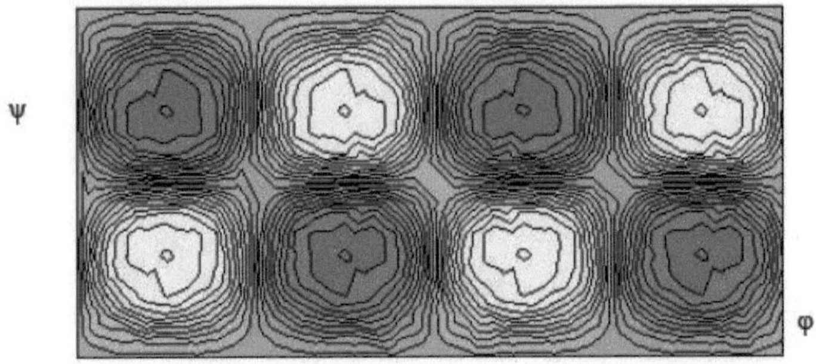

Quiralidade IP no exterior da molécula de fulereno C60 em coordenadas esféricas

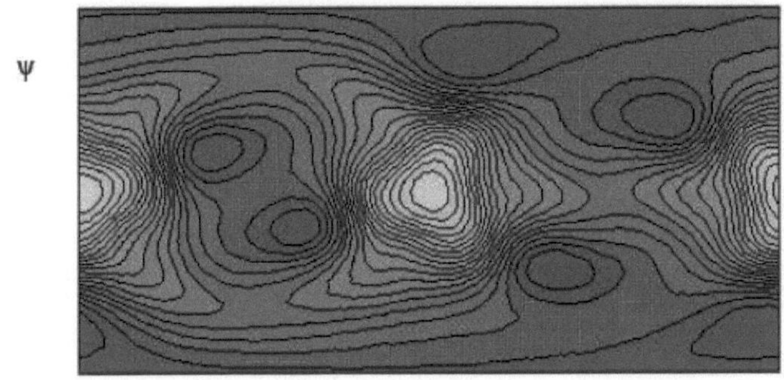

Quiralidade IP no interior da molécula do fulereno C78 em coordenadas esféricas

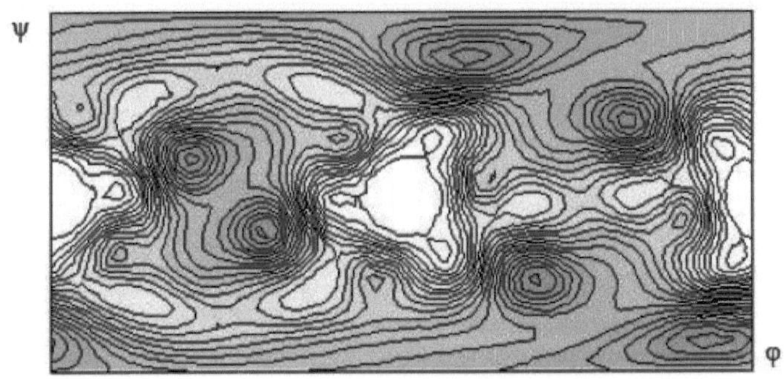

Quiralidade IP no exterior da molécula de fulereno C78 em coordenadas esféricas

Para o C76, as diferenças são menores do que para o C32. Para o C60, como seria de esperar, o campo é aciral em geral, embora existam regiões "esquerda" e "direita", mas que se compensam mutuamente.

3.3. Modelação da quiralidade homogénea IP

No âmbito do modelo de EF de quiralidade desenvolvido, foi feita uma tentativa de modelar um EF de quiralidade homogénea. Para este efeito, foi compilado um sistema modelo de uma bobina circular feita de "fio" enrolado num núcleo em forma de toro. O sistema modelo investigado é uma sequência de átomos idênticos localizados nas espiras do toróide modelado (Fig. 3.8).

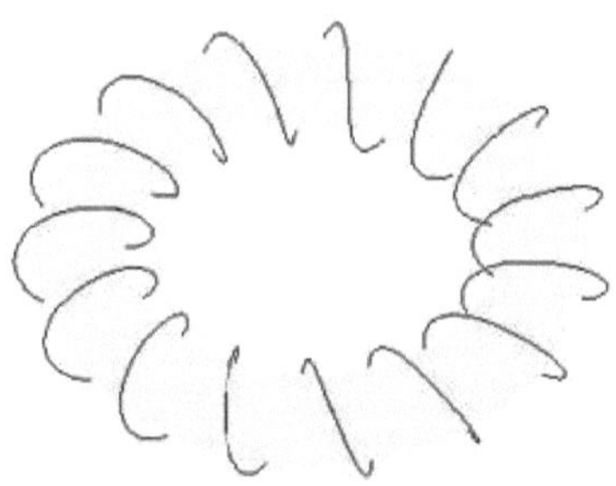

Figura 3.8. Bobina em anel (toróide)

A análise do IP de quiralidade deste sistema mostrou que se forma um campo homogéneo no interior do toróide, enquanto que a uma distância do toróide, como seria de esperar, há um decaimento do IP de quiralidade (Fig. 3.9).

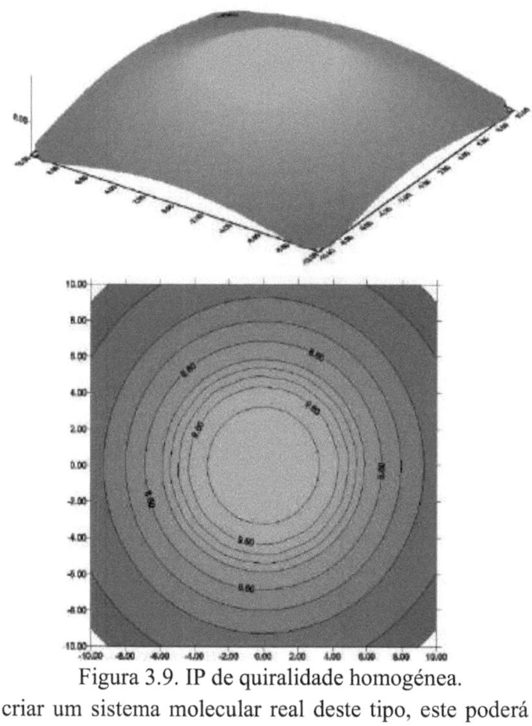

Figura 3.9. IP de quiralidade homogénea.

Se for possível criar um sistema molecular real deste tipo, este poderá ter caraterísticas estereoquímicas interessantes.

Assim, o modelo proposto permite-nos descrever a capacidade das moléculas quirais para dissimetrizar o seu espaço circundante e, muito provavelmente, os parâmetros do campo de informação da quiralidade podem ser utilizados como descritores para resolver vários problemas de estrutura-propriedade.

3.4. Análise do reconhecimento molecular em complexos hóspede-hospedeiro no âmbito do conceito de campo de informação molecular

As possibilidades do conceito desenvolvido de IP das moléculas podem ser utilizadas na análise da eficiência da ligação complementar hóspede-hospedeiro [76, 77]. Como decorre das secções anteriores, o campo de informação de uma molécula caracteriza efetivamente a "estrutura" do espaço circundante. A influência de uma molécula no espaço circundante reflecte-se mais claramente na divergência do campo de informação. Parece-nos que uma análise comparativa da divergência dos campos dos gradientes de IP do hóspede e do hospedeiro nos permitirá avaliar quantitativamente a eficácia da sua interação complementar.

Foram utilizadas duas abordagens para resolver este problema.

1. A medida de semelhança de dois campos de informação pode ser um valor calculado como um coeficiente de correlação entre os parâmetros de informação de todos os pares de pontos correspondentes que representam os campos de informação correspondentes (Fig. 3.10):

$$r = \frac{n\sum_{i=1}^{n} h_i g_i - \sum_{i=1}^{n} h_i \sum_{i=1}^{n} g_i}{\sqrt{n\sum_i g_i^2 - \left(\sum_i g_i\right)^2} \cdot \sqrt{n\sum_i h_i^2 - \left(\sum_i h_i\right)^2}}$$

em que *hi* e *e são os* parâmetros de informação (potencial ou divergência do campo gradiente) do hospedeiro e do hóspede, respetivamente, no ponto *i*;

n é o número de pontos na região do espaço investigada;

i é o número do ponto.

Quanto mais *r estiver* próximo de 1, mais "semelhantes" são os campos correspondentes. Note-se que, neste caso, o resultado depende do "sucesso" da combinação das moléculas hóspede *gi* e hospedeira *h.*

2. Apenas são considerados os pontos no plano que é o plano do quadrado médio da molécula. Os pontos especificados são aproximados por uma linha em espiral (por exemplo, "direita") (Fig. 3.11).

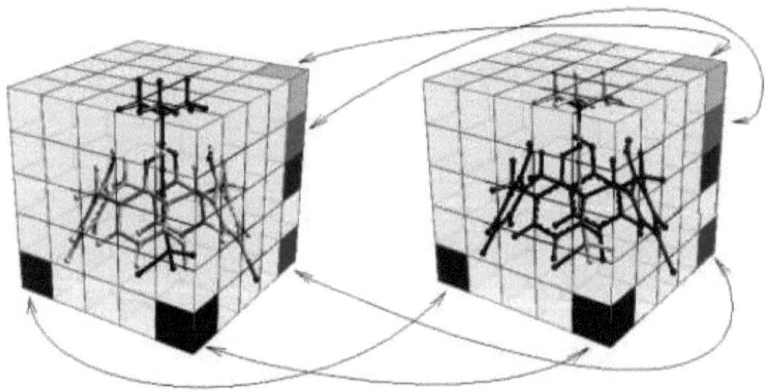

Fig.3.10. Comparação dos parâmetros de informação em determinados pontos do espaço.

¡Nestes pontos, são calculados os parâmetros dos campos de informação (potencial ou divergência do campo gradiente) das moléculas hospedeira (h) e hóspede (g_i), respetivamente. Para os pontos ordenados em relação à linha espiral, as funções de autocorrelação são calculadas com base nos parâmetros dos campos de informação separadamente para a molécula anfitriã e a molécula convidada:

$$R_h(t)=\frac{\sum_{i=1}^{n}\left(h_i-\bar{h}\right)\cdot\left(h_{i+t}-\bar{h}\right)}{n\cdot S_h^2};S_h=\sqrt{\left[\sum_{i=1}^{n}\left(h_i-\bar{h}\right)^2\right]/n};\bar{h}=\frac{\sum_{i=1}^{n}h_i}{n}$$

$$R_g(t)=\frac{\sum_{i=1}^{n}\left(g_i-\bar{g}\right)\cdot\left(g_{i+t}-\bar{g}\right)}{n\cdot S_g^2};S_g=\sqrt{\left[\sum_{i=1}^{n}\left(g_i-\bar{g}\right)^2\right]/n};\bar{g}=\frac{\sum_{i=1}^{n}g_i}{n}$$

em que t = 1, 2, 3 ... 60.

A medida de semelhança de campo é o valor %, que é definido como a métrica euclidiana dos parâmetros FE correspondentes:

$$\chi=\sqrt{\sum_{i=1}\left[R_h(t)-R_g(t)\right]^2}$$

Quanto mais pequeno for o valor de %, mais "semelhantes" são os campos correspondentes.

Note-se que, nesta abordagem, não é necessário fazer corresponder com precisão as moléculas hóspede e hospedeira, sendo suficiente determinar a orientação mútua das moléculas na
complexo.

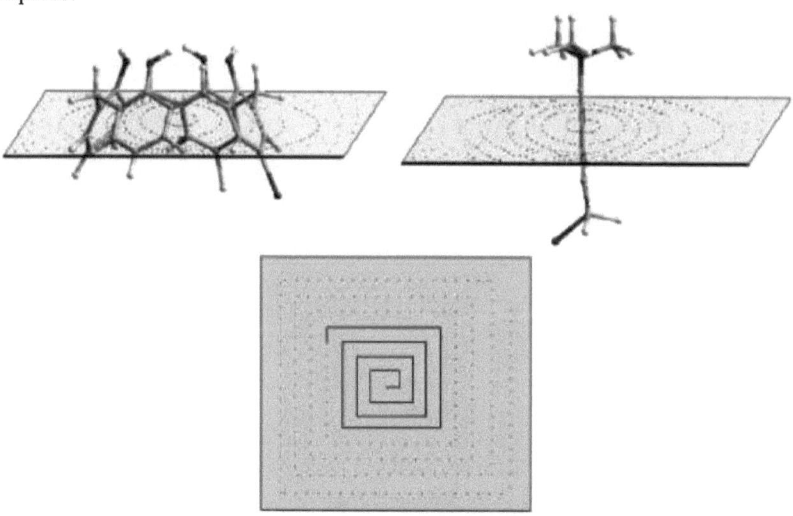

Fig.3.11. Projecções de IP nos planos RMS das moléculas comparadas.

hhPara analisar a ligação complementar hóspede-hospedeiro, foram utilizados os seguintes exemplos-modelo: as moléculas hospedeiras são calixarenos enantioméricos (R e S):

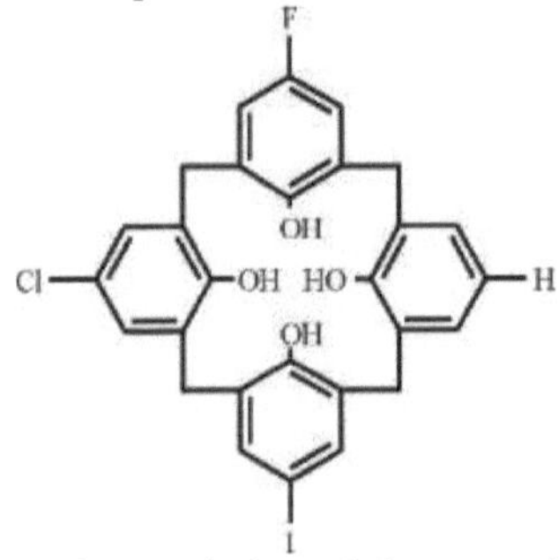

gge as moléculas hóspedes (guest) são sais de amónio quaternário enantioméricos (R e S):

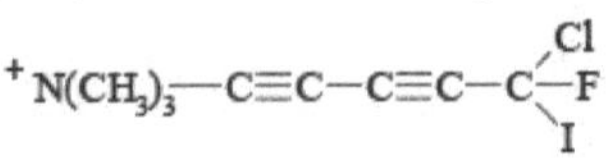

hghghghgForam estudados os complexos R R , R S , S S e S R.

Na fase inicial do trabalho, estas estruturas foram optimizadas utilizando um método de mecânica quântica semi-empírico (MNDO, HyperChem [78]). hghgAnalisando as energias obtidas para os complexos, nota-se que os complexos R S e S R são energeticamente mais favoráveis (Tabela 3.1). Para além disso, os campos de distribuição de massa e os IPs de quiralidade foram analisados para cada complexo. A complementaridade da interação hóspede-hospedeiro foi avaliada através da comparação dos campos de informação das estruturas correspondentes, utilizando os métodos propostos acima.

hghghghg hghgO estudo de todos os complexos diastereoméricos R R , R S , S S , S R mostrou que a maior complementaridade é alcançada nos complexos R S ou S R . Os resultados obtidos estão de acordo com a estimativa da estabilidade dos complexos correspondentes com base em cálculos quântico-químicos semi-empíricos, ou seja, para os complexos mais estáveis, a complementaridade dos campos correspondentes é máxima (Tabela 3.1).

Tabela 3.1.

Resultados da análise de ligação complementar de moléculas hospedeiras e convidadas.

complexo	*EMNDO*	*r div_massa*	*rdiv quiral*	*rpot_mass*	*rpotchiral*	*Xdivmass*	*Xdivchiral*
RhR$_g$	-7983.57	0.037	-0.057	0.753	-0.362	2.26	4.99
RhSg	-7984.92	0.048	-0.078	0.820	-0.510	1.85	4.68
ShSg	-7983.58	0.039	-0.055	0.748	-0.361	2.23	4.95
ShRg	-7984.89	0.047	-0.075	0.816	-0.508	1.87	4.63

*MNDO*E é a energia do complexo hospedeiro-hóspede estimada pelo método semi-empírico MNDO;

*ivmass**rd _* é o coeficiente de correlação entre os conjuntos de parâmetros de divergência dos campos de gradiente IP ponderados pelas massas atómicas das moléculas hóspede e hospedeira;

divpot masspotcirar chira é o coeficiente de correlação entre os conjuntos de parâmetros de divergência dos campos de gradiente de PI ponderados por "cargas estereoquímicas" para as moléculas hóspede e hospedeira; *r é o* coeficiente de correlação entre os conjuntos de parâmetros de potencial do campo de informação ponderados por massas atómicas para as moléculas hóspede e hospedeira; *r _ h i é o* coeficiente de correlação entre os conjuntos de parâmetros de potencial do campo de informação ponderados por "cargas estereoquímicas" para as moléculas hóspede e hospedeira;

$_{ivmass}Xd\_$ *é uma* medida de semelhança ponderada em massa de campos de informação;

$Xdiv_{quiral}$ *é uma* medida de semelhança de campos de informação ponderada por "cargas estereoquímicas".

Os mapas dos campos de informação correspondentes das distribuições de massa atómica e "cargas estereoquímicas" são apresentados no Apêndice A.

Sugere-se que a abordagem desenvolvida pode ser promissora para a conceção molecular de moléculas hospedeiras capazes de ligação complementar de moléculas hóspedes específicas. Naturalmente, esta abordagem é aplicável nos casos em que as diferenças na estabilidade dos complexos hóspede-hospedeiro se devem a diferenças no grau de complementaridade.

3.5 Quantificação do isosterismo (bioisosterismo) de compostos orgânicos

Atualmente, o processo de desenvolvimento de medicamentos começa, na maioria dos casos, com a procura de um composto líder - um protótipo estrutural de um futuro medicamento com o efeito farmacológico desejado. Uma vez que o composto líder, em regra, também provoca efeitos secundários indesejáveis ou tem caraterísticas farmacocinéticas deficientes, é necessário otimizar o composto líder, o que consiste na modificação sintética da estrutura do composto líder, a fim de aumentar a sua atividade, reduzir a toxicidade e melhorar a seletividade da ação. Isto implica frequentemente abordagens que envolvem a síntese de análogos estruturais do composto líder. Uma dessas abordagens, utilizada para criar medicamentos mais eficazes e mais seguros, é a substituição bioisostérica [79].

Um bioisóster é um composto obtido através da substituição de um átomo (grupo de átomos) por outro átomo (grupo de átomos) que mantém a atividade biológica do composto de origem. Como resultado dessa substituição, podem ser obtidas novas substâncias com propriedades melhoradas em comparação com o composto de origem.

Os bioisósteros dividem-se em dois grupos: os isósteros clássicos, que têm o mesmo tamanho, forma e configuração da camada eletrónica externa, e os bioisósteros não clássicos, ou seja, átomos ou grupos que não possuem as caraterísticas dos isósteros clássicos, mas que têm a mesma atividade biológica.

A substituição isostérica clássica envolve a substituição de compostos semelhantes por semelhantes, tendo em conta o número de átomos, a valência, o grau de insaturação e a aromaticidade, e torna-se bioisostérica se o efeito biológico do composto também for preservado.

Quando se analisam bioisósteros não clássicos, coloca-se a questão de saber por que razão compostos com fórmulas químicas completamente diferentes podem apresentar a mesma atividade biológica. A procura de uma resposta a esta questão levou ao desenvolvimento do conceito de bioisosterismo nos trabalhos de K. Ganch [80]. No seu trabalho, K. Ganch não procurou semelhanças nas fórmulas químicas dos bioisósteros não clássicos, mas tentou explicar a razão da mesma ação biológica dos compostos em estudo utilizando a abordagem matemática que tinha proposto anteriormente, descrevendo as relações estrutura-atividade em termos de três diferenças principais nas propriedades dos compostos fisiologicamente activos: estéricas, electrónicas e hidrofóbicas. Este trabalho concluiu que, em geral, para que os compostos tenham efeitos biológicos semelhantes, devem ter caraterísticas hidrofóbicas, electrónicas e estéricas semelhantes. Dito isto, em muitos casos, não é necessário que cada uma destas propriedades seja a mesma em várias substâncias para ter o mesmo efeito num sistema biológico. A resposta biológica pode, por exemplo, ser determinada apenas pelas caraterísticas hidrofóbicas de uma substância, enquanto as caraterísticas electrónicas e estéricas não desempenham um papel significativo neste efeito e vice-versa. Ou seja, para os bioisostereómeros não clássicos, a atividade biológica pode ser determinada por uma única propriedade (ou por um grupo de propriedades) que tem o mesmo significado para uma série de determinados compostos, enquanto outras propriedades não têm qualquer influência na manifestação deste tipo de atividade.

Utilizando o conceito de campo de informação molecular por nós proposto, tentámos avaliar quantitativamente o bioisosterismo de vários compostos [81]. Foram analisados dois grupos de compostos, um dos quais inclui representantes de bioisósteros clássicos (isósteros) e o outro grupo inclui bioisósteros não clássicos. Como exemplo, considerámos os compostos apresentados em [79]: Bioisósteros clássicos

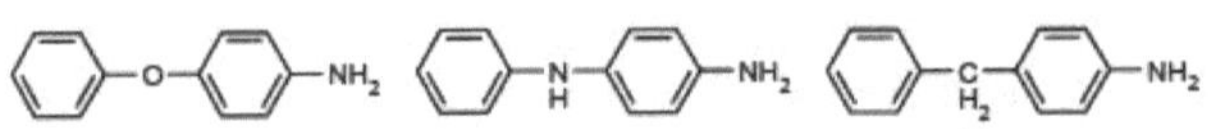

1 2 3

Bioisósteros não clássicos

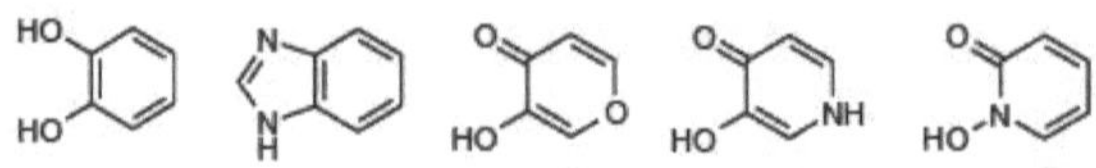

4 5 6 7 8

Foram construídos os campos de informação destas moléculas, ponderados por diversas propriedades dos átomos: massas, raios de van der Waals, lipofilicidade e cargas. Note-se que o parâmetro de divergência do campo de informação das moléculas foi calculado porque, como já foi referido, este parâmetro reflecte mais claramente as alterações da estrutura molecular.

Depois disso, a semelhança dos campos de informação construídos das moléculas investigadas foi avaliada quantitativamente. A medida de semelhança de dois campos de informação é calculada como o coeficiente de correlação entre os conjuntos correspondentes de parâmetros de informação (pares de pontos), que representam os campos de informação correspondentes:

$$r = \frac{n\sum_{i=1}^{n} h_i g_i - \sum_{i=1}^{n} h_i \sum_{i=1}^{n} g_i}{\sqrt{n\sum_i g_i^2 - \left(\sum_i g_i\right)^2} \cdot \sqrt{n\sum_i h_i^2 - \left(\sum_i h_i\right)^2}}$$

em que h_i e g_i *são* os parâmetros de informação (divergência), respetivamente, da primeira e da segunda moléculas no ponto *i*; *n é o* número de pontos na região do espaço investigada; *i é o* número do ponto.

Quanto mais próximo de 1 *for* o valor de *r*, mais "semelhantes" são os campos correspondentes.

Ao analisar os diferentes campos de informação dos bioisósteros clássicos (Fig. 3.12) e dos bioisósteros não clássicos (Fig. 3.13), verifica-se que, qualitativamente, os campos de informação dos bioisósteros clássicos são mais semelhantes do que os dos bioisósteros não clássicos.

Quantitativamente, a semelhança das moléculas em estudo pode ser vista como a distância entre os pontos correspondentes a cada molécula no espaço de informação.

Como resultado da análise dos campos de informação dos bioisósteros clássicos, verificou-se que os respectivos campos de informação são bastante semelhantes e que a distância entre os pares de pontos correspondentes é quase a mesma. Como se pode ver na Fig. 3.14, para os bioisósteros clássicos, para além de a medida de semelhança variar igualmente nos diferentes casos, a dispersão das distâncias é menor do que para os bioisósteros não clássicos, para os quais a medida de semelhança varia de forma diferente em cada caso. Na Fig. $_{ii}$3.14 utilizámos *S,* uma escala de distância condicional (*S j*=\|*S* - *Sj*\|), com base na qual *é* estimada a semelhança estrutural das moléculas *i* e *j*. A escala foi obtida como resultado da operação de "escalonamento multidimensional" de Rij [82].

Assim, avaliando quantitativa e qualitativamente a semelhança dos IPs dos bioisósteros clássicos, podemos concluir que as moléculas 1, 2, 3 têm estruturas próximas, propriedades e IPs correspondentes e a sua ação biológica (atividade imunológica) decorre da sua semelhança estrutural.

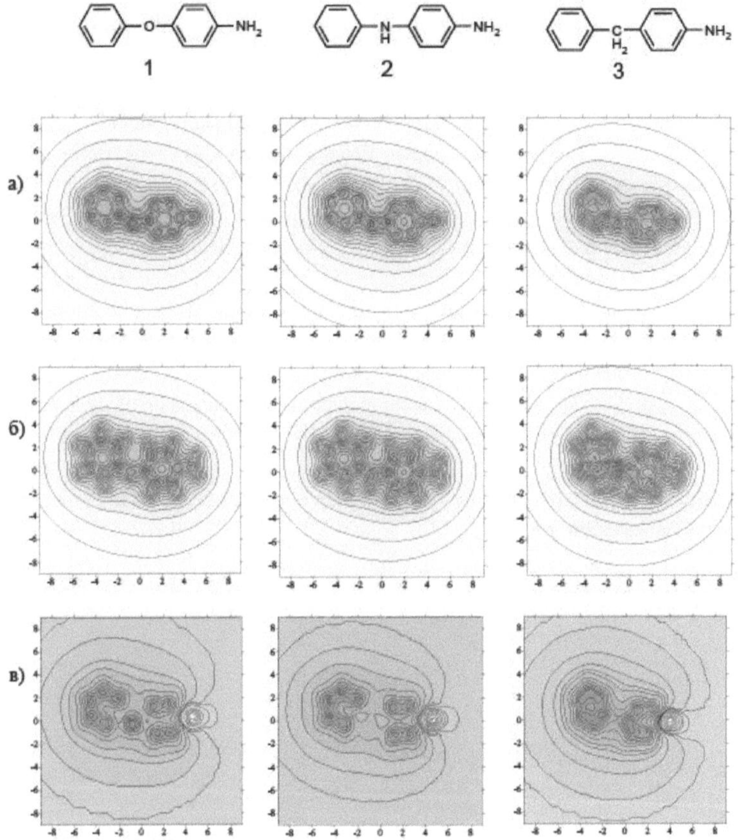

Fig. 3.12. Campos de informação dos bioisósteros clássicos (1-3) ponderados pelas seguintes propriedades: a) massa atómica, b) raio de van der Waals, c) lipofilicidade.

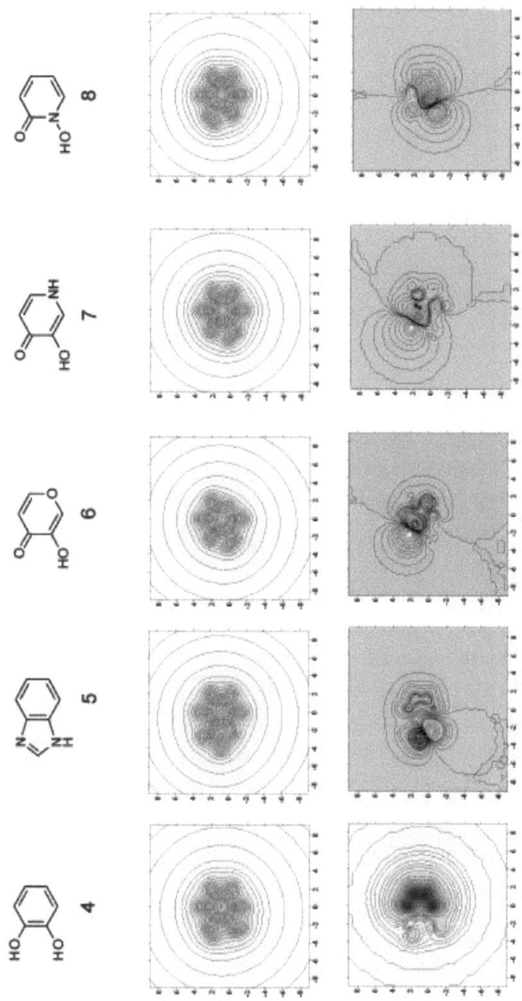

Fig. 3.13 Campos de informação de bioisósteres não clássicos (4 - 8) ponderados pelas seguintes propriedades: a) raio de van der Waals, b) lipofilicidade.

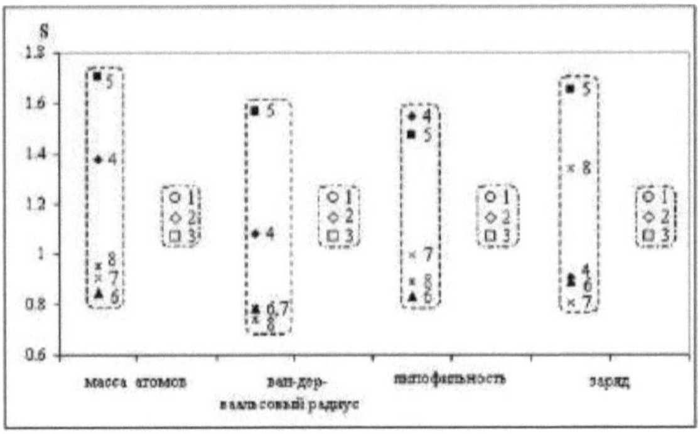

Fig.3.14. Avaliação da semelhança/diferença estrutural dos modelos clássicos (1-3) e bioisósteros não clássicos (4 - 8).

Como resultado da análise dos campos de informação dos bioisósteros não clássicos ponderados por diferentes propriedades, verificou-se que os PI correspondentes às moléculas 4, 5, 6, 7, 8 são bastante diferentes, sendo a distância entre os pares de pontos correspondentes significativamente diferente. Ou seja, para os bioisósteros não clássicos, a medida da semelhança estrutural depende das caraterísticas estruturais (massa atómica, raios de van der Waals, lipofilicidade, etc.)

3.6 Cálculo dos parâmetros de informação dos aminoácidos essenciais

No presente trabalho, foi efectuada uma análise sistemática das caraterísticas dos campos de informação de todos os aminoácidos essenciais (Fig. 3.15, Fig. 3.16). Uma análise conformacional total foi previamente efectuada para estes compostos. Foi efectuada uma pesquisa conformacional [78], em resultado da qual foi determinado um conjunto das conformações mais estáveis dentro do intervalo de energia de 2 kcal/mol para cada aminoácido. Nas Fig. 3.15 e Fig. 3.16 apresentam-se as conformações mais favoráveis dos aminoácidos, a sua fração em equilíbrio conformacional (P) e a sua essencialidade (A) segundo Wolkenstein [44]. Os valores condicionais dos aminoácidos (parâmetros de indispensabilidade) foram propostos por M.V. Wolkenstein com base na seguinte hipótese. Os dados conhecidos sobre as estruturas das proteínas permitiram analisar a permutabilidade dos resíduos de aminoácidos nas moléculas de proteínas. Com base nisso, foi proposta uma escala de valores dos resíduos de aminoácidos em função do seu grau de indispensabilidade. Por outras palavras, quanto menos frequentemente um resíduo é substituído, mais valioso ele é. Só são consideradas as substituições de resíduos causadas por substituições simples nos códons correspondentes. Os dados relativos aos codões degenerados em conjunto são resumidos e calculados como média.

Para todos os conformadores selecionados, foram modelados FEs ponderados por diferentes propriedades dos átomos (massa, refração, eletronegatividade) [83]. A área de construção dos IPs foi variada. Os parâmetros de PI foram calculados em regiões esféricas em torno de moléculas com raios que variam de 4,5A (a região mínima do espaço onde cada um dos aminoácidos estudados se encaixa inteiramente) a 21A. EM todos os casos, em cada ponto indicado, o potencial, o antigradiente e a divergência do campo de gradiente do PI foram determinados de acordo com as fórmulas apresentadas na secção

2.3. Além disso, as caraterísticas de informação de cada molécula foram determinadas como uma média ponderada dos parâmetros correspondentes dos seus conformadores. Os coeficientes de ponderação são equivalentes às probabilidades de realização dos conformes.

Foram utilizadas como caraterísticas estruturais das moléculas: valores mínimos e máximos, valores da média aritmética e desvio padrão (DP) para todos os tipos de caraterísticas FE consideradas.

Assim, tendo em conta a variação das dimensões das regiões do espaço e as diferentes propriedades dos átomos sobre os quais os PI foram ponderados, foram analisadas 432 caraterísticas estruturais para cada molécula. Todas estas caraterísticas foram posteriormente comparadas com os parâmetros de essencialidade dos aminoácidos.

As correlações não lineares (função de Lorentz) mais próximas entre pares (parâmetros de PI - indispensabilidade de AK) são observadas para o RMS da divergência de PI. Como se pode ver na Fig. 3.17, as melhores correlações com a insubstituibilidade são os parâmetros de PI ponderados em massa indicados. Observa-se uma certa tendência para a influência da dimensão do espaço investigado em torno da molécula no rigor da correlação.

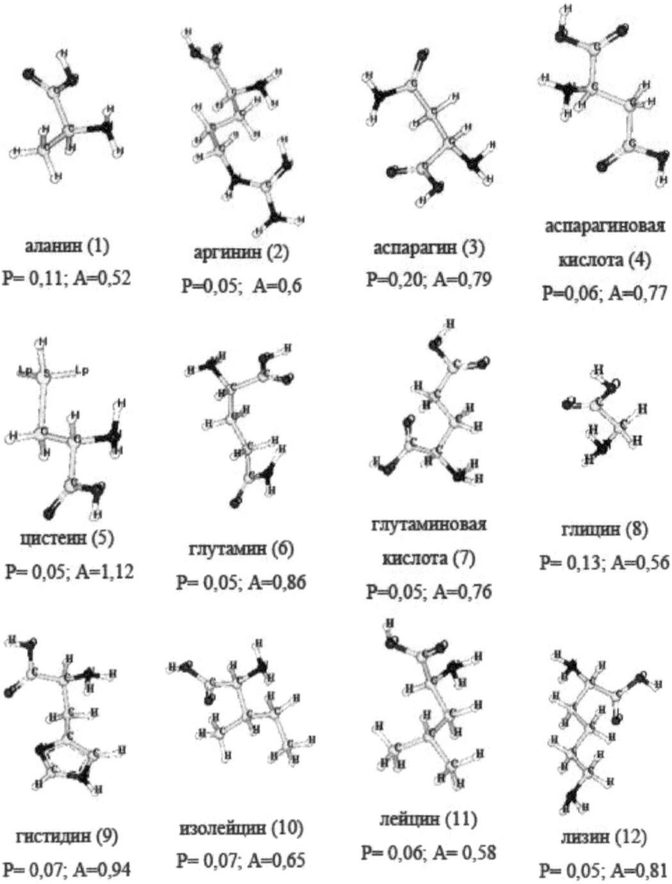

alanina (1) arginina (2) asparagina (3)
ácido aspártico
(4) cisteína (5) glutamina (6) ácido glutâmico(7) glicina (8) histidina (9) isoleucina (10)
leucina (11) lisina (12)
Fig. 3.15. Os conformadores mais estáveis dos aminoácidos essenciais (moléculas 1 - 12) (P - fração de conformadores em equilíbrio conformacional, A - indicação da essencialidade do AA).

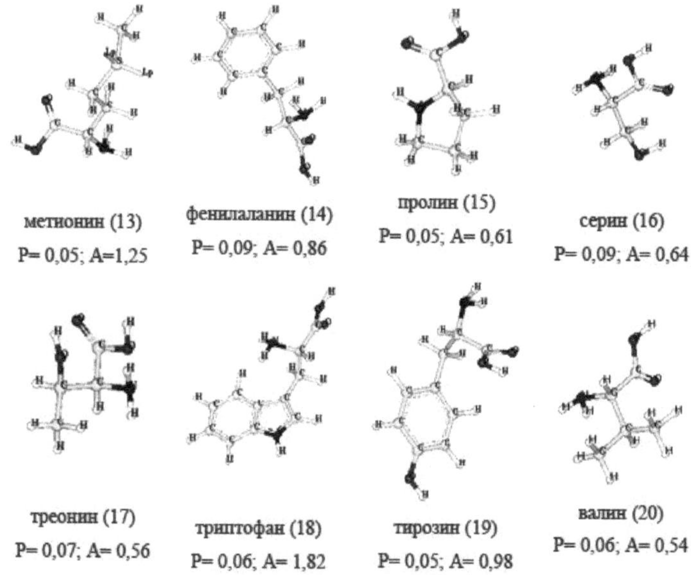

metionina (13) fenilalanina (14) prolina (15) serina (16) treonina (17) triptofano (18) tirosina (19) valina (20)

Fig. 3.16. Os conformadores mais estáveis dos aminoácidos essenciais (moléculas de 13 - 20) (P é a fração de conformer em equilíbrio conformacional, A é a indicação da essencialidade de AK).

As correlações máximas são observadas para o RMS da divergência de PI calculada para a região esférica em torno da molécula com um raio de 17 A ou mais. A melhor correlação "caraterística FE - indispensabilidade" é mostrada na Fig. 3.18.

R (coeficiente de cor)

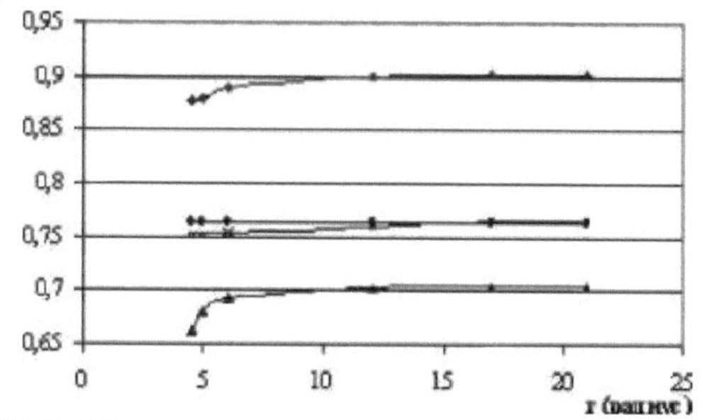

-♦-massa, --re fr. -zpectrootr. -zar.

Fig. 3.17. Dependência do coeficiente de correlação da essencialidade dos aminoácidos com os seus parâmetros de PI em função do tamanho da região do espaço investigado e das caraterísticas dos átomos utilizados como parâmetros de peso.

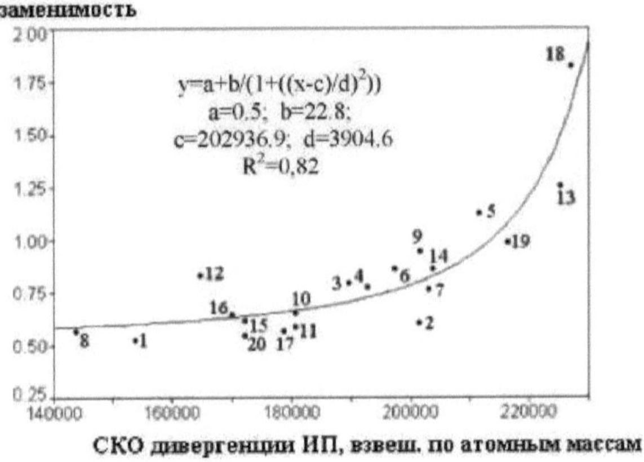

Fig. 3.18. Dependência "RMS da divergência dos PI ponderados em massa - essencialidade (A)" (os números junto aos pontos do gráfico correspondem aos números de aminoácidos (Fig. 3.15 e Fig. 3.16)).

Se considerarmos o conteúdo informativo destas moléculas [31], este não está correlacionado com o fator de essencialidade (coeficiente de correlação = 0,198) (Fig. 3.19).

Fig. 3.19. Dependência "Conteúdo informativo dos aminoácidos - não substituibilidade (A)" (os números junto aos pontos do gráfico correspondem aos números de aminoácidos (Fig. 3.15.)).

Um estudo sobre os campos de informação dos aminoácidos revelou que:

1) A divergência do campo de informação reflecte melhor as particularidades da estrutura da molécula.

em certa medida, o grau de influência da estrutura da molécula no espaço circundante. Por outras palavras, quanto maior for o RMS da divergência de PI, mais forte é a estrutura da molécula no espaço circundante, ou seja, transmite informações sobre a sua estrutura.

2) Existe uma relação bastante estreita entre a influência informativa de um aminoácido

sobre o ambiente e a sua indispensabilidade. Isto permite-nos colocar a hipótese de que, nas primeiras fases da abiogénese, a informação hereditária era transmitida sem a participação de ácidos nucleicos (que não existiam nessa altura) [84]. Ou seja, os novos polipéptidos (oligopeptídeos) eram formados diretamente na matriz a partir de moléculas de péptidos já preparadas. Assim, a hipótese parece ser bastante justificada: quanto mais essencial for o papel informativo de um aminoácido (como elemento de um polipéptido), mais indispensável ele é.

3.6. Análise das correlações mútuas dos parâmetros de EF

Ao considerar diferentes EF, deparámo-nos frequentemente com o facto de os parâmetros de informação em diferentes pontos do espaço em estudo estarem correlacionados entre si. Neste contexto, analisámos as correlações mútuas dos parâmetros de PI nas células da rede molecular. Foi considerada uma série de aminoácidos e uma série de esteróides (Anexo B). As moléculas da série foram sobrepostas umas às outras e colocadas numa estrutura cúbica (Figura 3.20). Em cada célula da rede, foram calculados os parâmetros FE e, em seguida, foram analisadas as correlações mútuas.

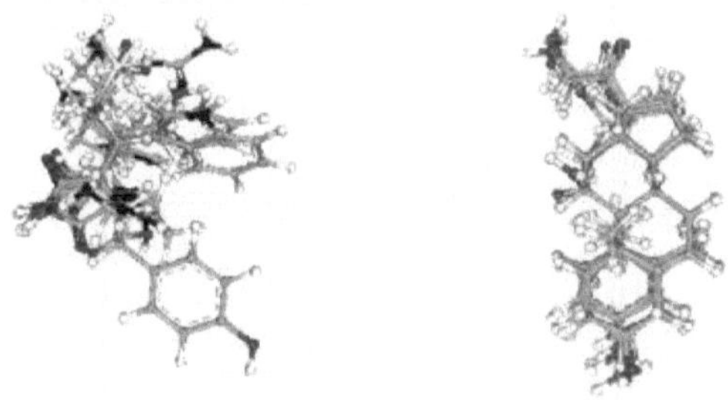

a) б)

Fig. 3.20. Moléculas sobrepostas de séries de: a) aminoácidos e b) esteróides em células de rede molecular.

O coeficiente de correlação médio para a série de esteróides (coeficiente de correlação = 0,83) foi superior ao da série de aminoácidos (coeficiente de correlação = 0,75).

Isto deve-se ao facto de os esteróides serem mais semelhantes em termos de estrutura do que os aminoácidos.

Assim, através da análise das correlações mútuas das caraterísticas de informação, é possível estimar o grau de semelhança das moléculas de uma amostra em relação às moléculas de outra amostra. Estes dados podem ser úteis na formação de amostras de treino para problemas de QSAR/QSPR.

3.7. Análise da não equivalência de vértices de grafos moleculares

Nesta parte do trabalho, tenta-se utilizar o conceito de PI no âmbito do modelo topológico de uma molécula (grafo molecular) para analisar a equivalência/não-equivalência de átomos e fragmentos moleculares de moléculas estruturalmente homogéneas, em particular os fulerenos. A solução deste problema pode ser necessária, por exemplo, para determinar a numeração canónica no grafo molecular, para interpretar diversos espectros, para resolver diversos problemas de nomenclatura, etc.

Atualmente, são conhecidos alguns trabalhos que permitem construir listas de vértices equivalentes/não equivalentes de grafos [85-94]. Podem distinguir-se as seguintes razões para o grande interesse dos químicos pelo problema do reconhecimento de classes de equivalência de vértices em grafos:

(A) construção de todas (ou de uma certa parte de) substituições a partir do grupo de automorfismos de um dado grafo;

(B) reconhecer o isomorfismo (ou não isomorfismo) de dois grafos dados;

(C) determinação da numeração canónica dos vértices de um dado grafo (esta numeração corresponde a uma matriz, cuja forma não depende da numeração inicial dos vértices, o que permite codificar de forma única a estrutura do grafo na sua base);

(E) encontrar classes de equivalência (órbitas do grupo de vértices de um grafo).

Todos os problemas A - C são importantes para os químicos (A é necessário para conceber derivados de uma dada estrutura; sem B e, especialmente, C, é impossível compilar e utilizar bases de dados) e todos eles são estritamente resolvidos por métodos de retrocesso, cuja intensidade de trabalho é exponencial no caso geral. A capacidade de resolver o problema D para grafos arbitrários com estabelecimento simultâneo de ordem linear no conjunto das classes de equivalência (por outras palavras, com numeração única das órbitas encontradas) permite resolver rigorosamente o problema C em tempo polinomial. Por outro lado, a computação de quaisquer invariantes de vértices permite particionar o conjunto de vértices do grafo em classes.

A maior parte dos algoritmos propostos são heurísticos, a solução exacta para grafos arbitrários é fornecida apenas por vários procedimentos posteriores, que incluem heurísticas mais ou menos fortes na fase inicial e depois força bruta combinatória na última fase. Para grafos fortemente regulares, todos os problemas são particularmente difíceis de resolver e, tanto quanto sabemos, ninguém provou a correção de procedimentos heurísticos para eles. [5]O método heurístico proposto neste artigo é não iterativo, suficientemente simples e não requer grandes quantidades de tempo de máquina.

O conceito de FE desenvolvido é diretamente aplicável ao reconhecimento da equivalência/não-equivalência geométrica de átomos e fragmentos moleculares. Para as avaliações correspondentes no âmbito do modelo topológico, é necessária uma modificação do conceito de EF. De facto, é uma questão de aplicar

do conceito acima referido para modelos topológicos de compostos - grafos moleculares. Para os grafos moleculares, o único "canal" possível de transferência de informação é um sistema de arestas. Assim, num modelo molecular topológico, a informação de um átomo para outro só pode ser transferida por ligações químicas (arestas do grafo), como, por exemplo:

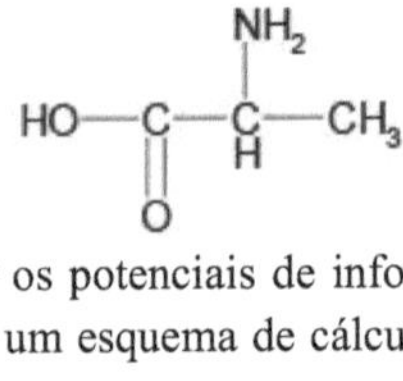

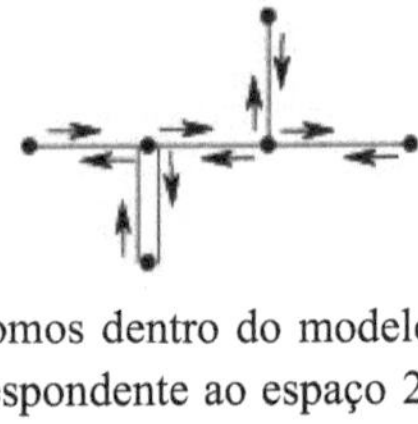

Para estimar os potenciais de informação (IP) nos átomos dentro do modelo topológico, foi utilizado um esquema de cálculo modificado correspondente ao espaço 2D [58]. É de

[5] Em particular, a abordagem não iterativa proposta neste documento define corretamente três órbitas no esqueleto do kunean, o que tem sido um "obstáculo" para muitos métodos heurísticos, incluindo os iterativos.

notar que existem duas variantes de cálculo dos potenciais de informação atómica topológica:

1) Método Ml - são utilizadas as distâncias mais curtas entre os átomos (o número de caminhos (m) entre cada par de átomos é 1),

2) Método M2 - são utilizados todos os caminhos possíveis de propagação da informação ao longo das arestas do grafo entre cada par de átomos (m >1):

$$IP_i = w_i \cdot \sum_{j=1, i\neq j}^{n} \left(\frac{\sum_{}^{m} lb\left(\frac{r}{2R_{ij}+1}\right)}{m}\right), \quad \text{onde} \quad w_i = p_i / \sum_{i=1}^{n} p_i, \quad lb = \log_2,$$

em que m é o número de caminhos para cada par de átomos, n é o número de átomos na molécula, Rij é o número de ligações entre o i-ésimo e o j-ésimo átomos (comprimento do caminho), w_i *é* um parâmetro de peso que descreve alguma propriedade *(p)* dos átomos (carga, lipofilicidade, polarizabilidade, etc.), (w_i =1 no caso de um campo de informação não ponderado), r é um parâmetro de afinação do modelo (no presente trabalho utilizámos o valor r = 256).

Para calcular o potencial de informação no âmbito do método M2, um caminho num grafo molecular é definido como uma rota sem retorno ("self-avoiding walk"), que é uma sequência de vértices adjacentes, em que cada vértice não se encontra mais do que uma vez. A Fig. 3.21 (b) mostra um exemplo de uma árvore de todos os caminhos possíveis para o vértice 1 do naftaleno. Analisando esta árvore, podemos facilmente calcular os comprimentos de todos os caminhos possíveis do vértice 1 para os restantes vértices do grafo e, assim, calcular o valor de IP1 (Tabela 1). Repetindo o mesmo procedimento para todos os átomos de naftaleno, podemos obter os valores de IP em cada átomo (Fig. 1c).

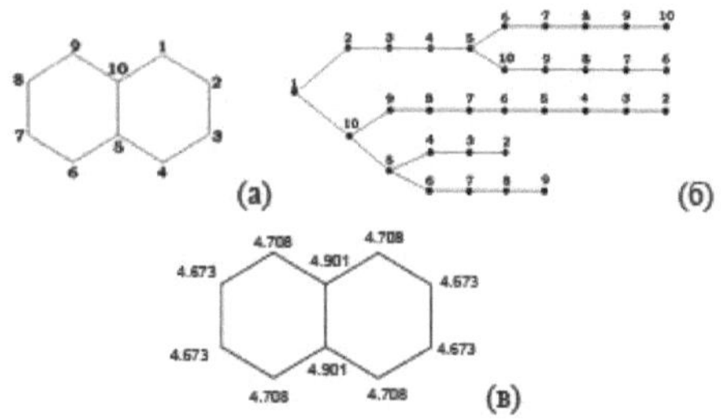

Figura 3.21. Exemplo de cálculo de IP, para uma molécula de naftaleno (método M2).

Os comprimentos de todos os caminhos do vértice 1 para os outros vértices em naftalina.

Vértice, i	Comprimentos de todos os caminhos para o vértice 1[a]	IP1i
2	(1 ,9 ,5)	4.903
3	(2 ,8 ,4)	4.807
4	(3 ,7 ,3)	4.826
5	(4 ,6 ,2)	4.936
6	(5 ,9 ,5 ,3)	4.506
7	(6 ,8 ,4 ,4)	4.468

8	(7 ,7 ,3 ,5)	4.480
9	(8 ,6 ,2 ,6)	4.547
10	(9 ,5 ,1)	4.903
IP1 =.		**4.708**

[a] Os comprimentos de todas as trajectórias do i-ésimo vértice ao vértice 1 são indicados entre parênteses. O número de algarismos entre parêntesis é o número de trajectos (o valor m na fórmula de determinação do potencial de informação).

É importante notar que o número de todos os caminhos possíveis entre os átomos aumenta exponencialmente com o número de ciclos na molécula, o que leva a dificuldades computacionais significativas para estruturas que contêm um grande número de fragmentos estruturalmente homogéneos. A análise de tais estruturas é possível se não forem considerados todos os caminhos possíveis entre os átomos, mas apenas aqueles cujos comprimentos são inferiores ao comprimento crítico (LCRJT). [6]Os valores dos comprimentos dos caminhos acima do diâmetro do gráfico molecular (D) por *n* são usados como LCRIT: $L_{CRIT} = D + n,\ n \in N$. [7]Como resultado da utilização deste pressuposto, a velocidade de cálculo aumenta significativamente (a complexidade é menos do que exponencial).

[8]Neste trabalho, foi considerada uma outra variante do modelo topológico do campo de informação (M3), em que o coeficiente de atenuação (k) é utilizado para explicar a perda de informação durante a transmissão por comunicação. O grau do vértice d do grafo é utilizado para explicar a ramificação do "fluxo de informação". A quantidade total de informação que é transmitida por átomo é determinada tendo em conta a influência informativa de todos os outros átomos sobre ele. Para cada átomo, a quantidade total de informação é calculada utilizando a seguinte fórmula:

$IP(i) = I_0(i) + \sum_{j \neq i}^{n} w_j \cdot \left[k \cdot d_j^{-1}(10 - lb(r_{ij}+1))\right]$, $w_i = p_i / \sum_{i=1}^{n} p_i$, $I_0(i) = lb(w/w_i)$, $I_0(i)$ – e m que é o valor IP no átomo *i* sem ter em conta a influência do ambiente; n-número total de átomos na estrutura; rij - distância topológica do atual átomo i-ro ao átomo j-ro.

Para comparação com os modelos topológicos (M1-M3), foi utilizado o modelo de campo de informação previamente desenvolvido (M4), que tem em conta a geometria das moléculas [58].

Para analisar a eficiência das abordagens acima referidas, foi resolvido um problema de teste. Os derivados do trifenileno foram utilizados como exemplo de modelo (Fig. 3.22). Anteriormente, a não equivalência dos vértices A e B de grafos moleculares foi analisada utilizando o método dos potenciais de grafo [95]. Os autores mostraram que os vértices A e B topologicamente não equivalentes são isospectrais e que métodos de classificação de vértices de grafos como o algoritmo de Morgan para calcular a conetividade alargada, o vetor próprio e os métodos polinomiais caraterísticos não os distinguem. O método dos potenciais de segundo tipo proposto em [95] permite-nos distinguir os vértices A e B. No entanto, dada a utilização de numerosas operações matriciais no método dos potenciais de

[6] O diâmetro de um grafo é a distância máxima entre vértices para todos os pares de vértices.
[7] Por exemplo, para o fulereno C32, o tempo de cálculo com pesquisa de caminho completo foi de 25 minutos, ao passo que, utilizando a restrição, o cálculo demorou apenas um segundo
[8] k é o parâmetro de afinação do modelo, k = 0,99

grafo, podemos assumir que a sua utilização para grandes sistemas estruturalmente homogéneos, como fulerenos, nanotubos, etc., pode causar dificuldades computacionais significativas.

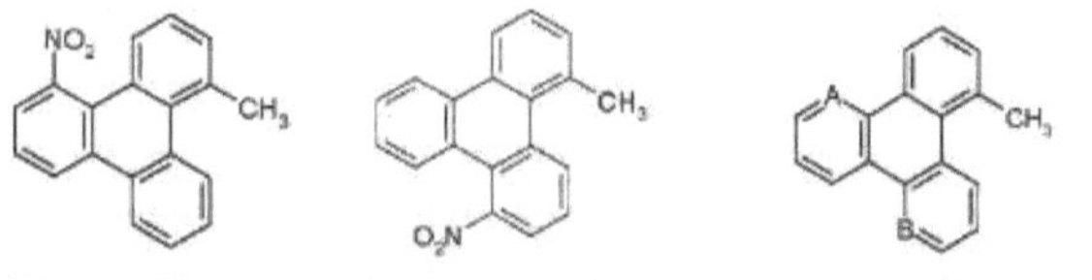

Потенциалы II рода	M1	M2	M3
$U_A = 2.46966$	$IP_A = 5.3336775$	$IP_A = 4.2687811$	$IP_A = 2.23912$
$U_B = 2.46957$	$IP_B = 5.3336779$	$IP_B = 4.2687814$	$IP_B = 2.23812$

Fig.3.22. Resultados da análise de não equivalência de vértices (A e B) dos gráficos moleculares dos derivados do trifenileno.

A implementação dos algoritmos do campo de informação acima referidos é muito mais simples e, por conseguinte, pode ser aplicada à análise de grandes sistemas moleculares estruturalmente homogéneos. Os algoritmos do campo de informação também lidam com o problema de teste acima referido. Como se pode ver na tabela (Fig. 3.22), os PI avaliados por M1-M3 para os vértices não equivalentes A e B são diferentes. Note-se que o método M3 é o mais sensível neste caso, o que resultou na diferença máxima entre os PI dos vértices A e B. M2 em comparação com M1 não mostrou maior sensibilidade ao analisar a não equivalência dos vértices acima, provavelmente porque o número de caminhos alternativos entre diferentes pares de vértices dos grafos moleculares considerados é relativamente pequeno.

Além disso, foi feita uma tentativa de investigar as possibilidades das abordagens desenvolvidas para reconhecer a não equivalência de átomos de sistemas moleculares estruturalmente homogéneos mais complexos. Os fulerenos C32, C76, C78 [96], cuja análise estrutural foi realizada anteriormente [97] por um dos co-autores deste trabalho, foram considerados como objectos de estudo. Foi desenvolvido um sistema de classificação dos fulerenos baseado na diferenciação dos vértices em termos da sua ocorrência em ciclos de diferentes tamanhos [97]. Os vértices do mesmo tipo podem formar vários clusters não sobrepostos. O número máximo de átomos equivalentes (EA) é determinado pelo grupo de simetria. Estes valores podem ser comparados com o número máximo de átomos equivalentes calculado por M1-M4 (Tabela 3.3).

Como se pode ver na Tabela 3.3, o sistema de classificação baseado no tipo de articulação dos vértices não permite distinguir completamente os átomos não equivalentes para os fulerenos estudados. A utilização de métodos topológicos que têm em conta o caminho mínimo de propagação da informação (M1 e M3) permite já distinguir a maioria dos átomos não equivalentes. A diferenciação máxima de átomos é obtida utilizando M2 e M4 e, ao mesmo tempo, o número máximo de átomos equivalentes, como seria de esperar, corresponde ao valor EA.

Para além disso, M2 e M4 separam os átomos em grupos da mesma forma (Figs. 3.23a, 3.24, 3.26). Isto pode indicar que a desigualdade geométrica dos átomos é determinada pela sua desigualdade topológica.

Estimativa do número máximo de átomos equivalentes (EA) para os fulerenos investigados

molécula	Grupo de simetria	*EA* numa posição geral	*EA* de acordo com o sistema de classificação dos vértices [10]	*EA* estimado pelo método			
				M1	M2	M3	M4
C32	D3	6	24	12	6	12	6
C76	D2	4	60	8	4	8	4
C78	D3	6	60	6	6	6	6

As figuras acima mostram também que M2 e M4 permitem eliminar a "degenerescência" nos maiores grupos de átomos formados em resultado de M1 e M3: o grupo C para o fulereno C32 (Fig. 3.23), os grupos O e P para o C76 (Fig. 3.25). Para o fulereno C78, todas as abordagens consideradas (M1-M4) apresentam o mesmo padrão de partição de átomos em classes de equivalência (Fig. 3.26).

Assim, os resultados obtidos indicam que o modelo topológico do PI pode ser utilizado para analisar a não-equivalência de átomos ou grupos de vários sistemas moleculares, incluindo compostos estruturalmente homogéneos como os fulerenos. Como seria de esperar, as implementações mais eficazes do modelo topológico da FE são as que têm em conta não só os caminhos de comprimento mínimo entre pares de vértices, mas também outros caminhos de propagação de informação ao longo das arestas dos grafos moleculares correspondentes, embora esta abordagem heurística seja bastante simples, não seja iterativa e não exija grandes gastos de tempo de máquina.

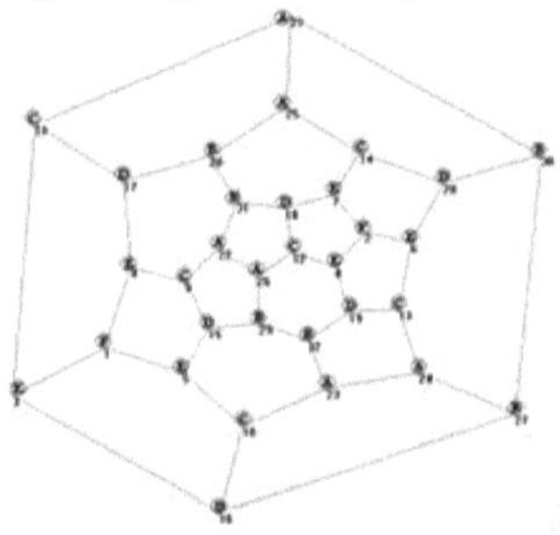

a)

	grupo	números de átomos	IP (M2)	IP (M4)
1	A	21, 22, 23, 24, 25, 26	4.8846	16.5502
2	B	27, 28, 29, 30, 31, 32	4.8838	16.5502
3	C	9, 10, 11, 12, 13, 14	4.8781	16.5050
4	D	15, 16, 17, 18, 19, 20	4.8732	16.5245
5	E	3, 4, 5, 6, 7, 8	4.8731	16.4604
6	F	1, 2	4.7205	16.4108

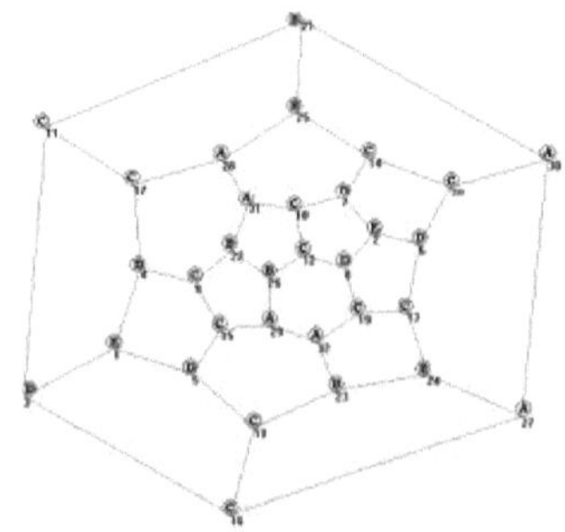

б)

	grupo	números de átomos	IP (M1)	IP (M3)
1	A	27, 28, 29, 30, 31, 32	5.4354	87.638
2	B	21, 22, 23, 24, 25, 26	5.4144	87.350
3	C	9, 10, 11, 12, 13, 14, 15, 16, 17, 18, 19, 20	5.3973	87.116
4	D	3, 4, 5, 6, 7, 8	5.3895	87.009
5	E	1, 2	5.3447	86.394

Figura 3.23: Diagrama de Schlegel, grupos de átomos e valores de IP obtidos em: a) M2 e M4, b) M1 e M3, para o C32.

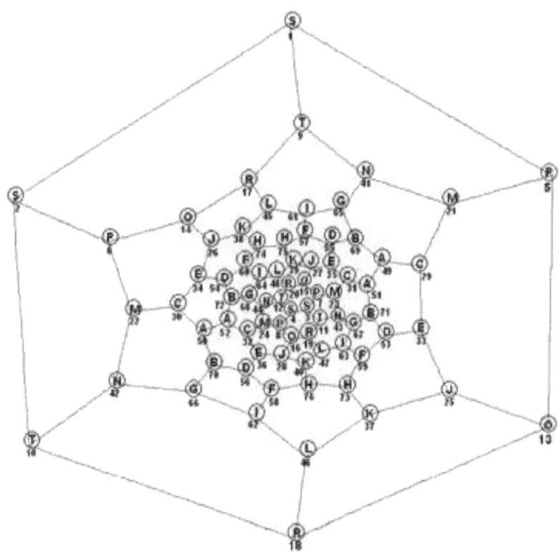

grupo	números de átomos	IP (M2)	IP (M4)
A	49, 50, 51, 52	4.0565	14.8717
B	69, 70, 71, 72	4.0550	14.7740
C	29, 30, 31, 32	4.0530	14.8396
D	53, 54, 55, 56	4.0051	14.7711
E	33, 34, 35, 36	4.0033	14.8094
F	57, 58, 59, 60	4.0016	14.7268

G	65, 66, 67, 68	4.0006	14.6958
H	73, 74, 75, 76	4.0003	14.7606
I	61, 62, 63, 64	3.9997	14.6756
J	25, 26, 27, 28	3.9990	14.7182
K	37, 38, 39, 40	3.9985	14.7099
L	45, 46, 47, 48	3.9971	14.6561
M	21, 22, 23, 24	3.9473	14.7160
N	41, 42, 43, 44	3.9468	14.6688
O	13, 14, 15, 16	3.9450	14.6539
P	5, 6, 7, 8	3.9443	14.6519
R	17, 18, 19, 20	3.9425	14.6262
S	1, 2, 3, 4	3.9400	14.6093
T	9, 10, 11, 12	3.8914	14.6187

Fig. 3.24. Diagrama de Schlegel, grupos de átomos e valores de IP obtidos no âmbito do M2 e M4, para C76.

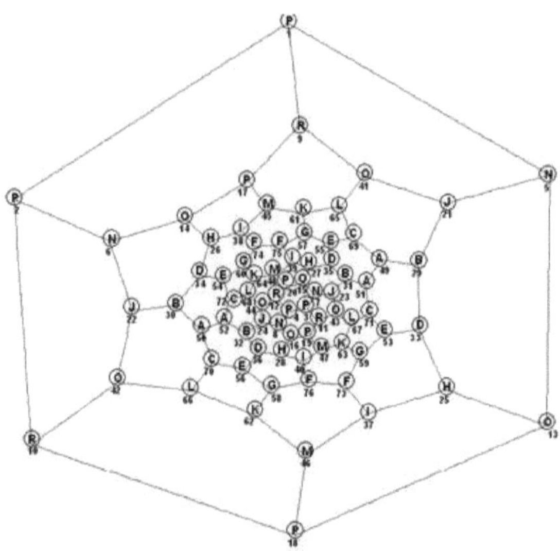

grupo	números de átomos	IP (M1)	IP(M3)
A	49, 50, 51, 52	4.7312	188.725
B	29, 30, 31, 32	4.7192	188.316
C	69, 70, 71, 72	4.7120	188.083
D	33, 34, 35, 36	4.7104	188.022
E	53, 54, 55, 56	4.7079	187.943
F	73, 74, 75, 76	4.6999	187.667
G	57, 58, 59, 60	4.6974	187.589
H	25, 26, 27, 28	4.6929	187.434
I	37, 38, 39, 40	4.6923	187.415

J	21, 22, 23, 24	4.6903	187.348
K	61, 62, 63, 64	4.6852	187.180
L	65, 66, 67, 68	4.6806	187.025
M	45, 46, 47, 48	4.6800	187.006
N	5, 6, 7, 8	4.6736	186.785
O	13, 14, 15, 16, 41, 42, 43, 44	4.6714	186.712
P	1, 2, 3, 4, 17, 18, 19, 20	4.6609	186.358
R	9, 10, 11, 12	4.6590	186.357

Fig. 3.25: Diagrama de Schlegel, grupos de átomos e valores de IP obtidos dentro de M1 e M3, para C76.

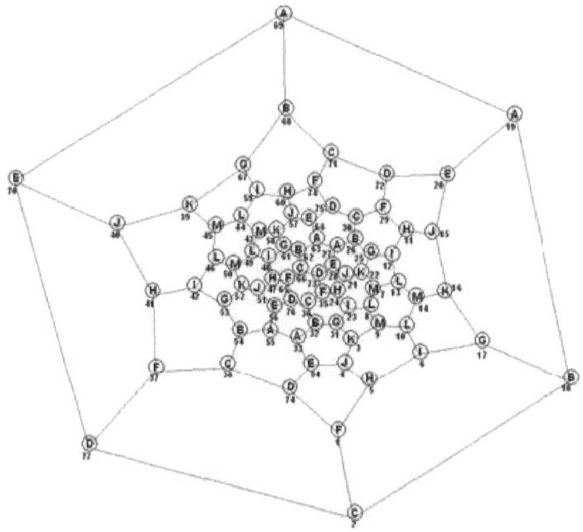

grupo	números de átomos	IP (M1)	IP (M2)	IP (M3)	IP (M4)
A	19, 27, 33, 55, 63, 69	4.7039	4.0004	192.818	14.8028
B	18, 26, 32, 54, 62, 68	4.6943	3.9978	192.483	14.7758
C	2, 30, 36, 38, 66, 71	4.6920	4.0000	192.409	14.7529
D	72, 73, 74, 75, 76, 77	4.6896	4.0013	192.331	14.7138
E	20, 28, 34, 56, 64, 70	4.6852	3.9993	192.176	14.7076
F	1, 29, 35, 37, 65, 78	4.6800	3.9989	191.996	14.6834
G	17, 25, 31, 53, 61, 67	4.6660	3.9431	191.508	14.6561
H	5, 11, 24, 41, 47, 60	4.6591	3.9457	191.273	14.6212
I	6, 12, 23, 42, 48, 59	4.6561	3.9418	191.173	14.5998
J	4, 15, 21, 40, 51, 57	4.6547	3.9458	191.118	14.6311
K	3, 16, 22, 39, 52, 58	4.6477	3.8927	190.878	14.6035
L	8, 10, 13, 44, 46, 49	4.6375	3.88673	190.524	14.5516
M	7, 9, 14, 43, 45, 50	4.6354	3.88669	190.450	14.5527

Figura 3.26: Diagrama de Schlegel, grupos de átomos e valores de IP obtidos em M1-M4 para C78.

CAPÍTULO 4

APLICAÇÕES DO CONCEITO DE CAMPO DE INFORMAÇÃO MOLECULAR PARA A RESOLUÇÃO DE PROBLEMAS DE ESTRUTURA-PROPRIEDADE

Os estudos de Relações Quantitativas Estrutura-Propriedade para Compostos Orgânicos (QSAR/QSPR) estão atualmente a receber bastante atenção para prever o comportamento de novas moléculas utilizando dados obtidos a partir da análise das propriedades de moléculas já testadas.

O interesse crescente por este problema deve-se principalmente ao facto de a identificação de tais relações contribuir para uma melhor compreensão dos mecanismos de funcionamento de novos materiais, reagentes e medicamentos. A utilização de tecnologias informáticas abre a possibilidade de efetuar não só o rastreio preliminar (screening) mas também a conceção molecular de substâncias orgânicas que exibam uma ou outra propriedade com base nas regularidades reveladas. Tudo isto permite reduzir significativamente o enorme dispêndio de tempo e recursos necessários para o desenvolvimento de novas substâncias com um conjunto de propriedades específicas.

Existe um grande número de métodos e modelos para resolver problemas de "estrutura-propriedade". Os modelos mais simples baseiam-se na utilização de constantes de substituição, índices topológicos de moléculas (EMMA [98], CODES S A [99]) e informações sobre o número de fragmentos estruturais de um ou outro tipo (método HQSAR [100, 101]). Nos métodos QSAR 3D mais complexos (por exemplo, CoMFA [102, 103]), as caraterísticas da estrutura espacial desempenham o papel principal.

Utilizando o conceito de campo de informação por nós desenvolvido, foram resolvidos vários problemas de modelação da atividade biológica e de outras propriedades das moléculas com base em parâmetros de PI ponderados por várias propriedades dos átomos moleculares. A procura de relações quantitativas estrutura-propriedade foi efectuada utilizando o método de análise de regressão linear múltipla (MLRA) [104, 105].

4.1. Estudo da afinidade dos esteróides com a globulina de ligação aos corticosteróides e à testosterona

Para analisar a eficácia da abordagem desenvolvida, foi estudada uma série de esteróides (apêndice B). Foram considerados os dados relativos à ligação destes compostos às globulinas de ligação dos corticosteróides e da testosterona (CRCG e TSG). As moléculas estudadas pertencem a hormonas que estimulam o desenvolvimento e o funcionamento do sistema genital, o desenvolvimento de caraterísticas sexuais secundárias, regulam o crescimento e alguns aspectos do comportamento humano e animal. Actuando como androgénios, os esteróides fluem através do ambiente celular para o citoplasma, onde se ligam ao recetor num complexo ativo que é transportado para o núcleo da célula.

Esta série de compostos está bem estudada e é frequentemente utilizada para testar o desempenho dos modelos QSAR desenvolvidos [102, 106, 107]. ^{2}Em particular, foram obtidos resultados bastante satisfatórios pelo método CoMFA: o quadrado do coeficiente de correlação (R) entre os valores de ligação calculados e previstos foi de 0,897 e 0,873

para CRC e TSG, respetivamente [102].
Anteriormente, o problema da estrutura-afinidade dos esteróides para a CRC e TSH para uma série de compostos foi resolvido em [108] utilizando parâmetros estruturais harmónicos, locais, integrais e de campo. Com base nos modelos QSAR obtidos, concluiu-se que um fator importante que afecta a atividade biológica dos esteróides é a distribuição dos átomos de oxigénio na estrutura molecular. Assim, surgiu a hipótese de que a formação de ligações de hidrogénio intermoleculares afecta significativamente a interação de moléculas de esteróides com CRCs e TSGs.
No presente trabalho, tentámos resolver este problema de QSAR utilizando apenas os parâmetros de FE.
Os esteróides estudados foram considerados no âmbito do modelo de estrutura molecular [108, 109]. As estruturas dos compostos (21 moléculas) foram optimizadas utilizando o método de mecânica molecular (campo de força MM+) [110] e depois alinhadas de acordo com os átomos de carbono 5-14 subjacentes à estrutura rígida das moléculas de esteróides:

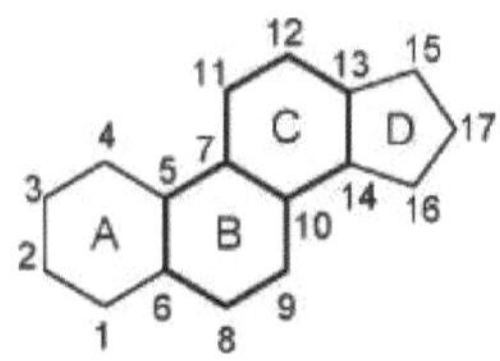

Depois disso, as estruturas investigadas foram colocadas numa rede cúbica com um tamanho de célula de 2,0 A. A região do espaço analisada foi uma rede cúbica constituída por 1000 células (10x10x10), no centro das quais foram colocadas as moléculas de esteróides. Em cada célula desta região, foram avaliados os parâmetros IP: potencial, gradiente e divergência do campo de gradiente, ponderados por "cargas" estereoquímicas, lipofilicidade, refração, massas, polarizabilidade e eletronegatividade. No total, foram considerados cerca de 20 mil parâmetros estruturais. Após a seleção de parâmetros estruturais mutuamente correlacionados através de regressão por etapas, conseguimos obter equações de três parâmetros que ligam os parâmetros dos esteróides IP à sua afinidade para CRC e TSH (Secções 4.1.2. e 4.1.3.).
Para além dos parâmetros FE escalares, foram calculados parâmetros FE vectoriais de potenciais de ligação de hidrogénio (Secção 4.1.1), que também foram utilizados na construção de modelos QSAR.

4.1.1. Construção de IPs vectoriais de potenciais ligações de hidrogénio.

Como já foi referido na secção 2.3.2, o modelo do campo de informação vetorial pode ser construído se o objeto em estudo for representado como um sistema de vectores. Parece-nos que o modelo de campo de informação vetorial é uma ferramenta conveniente para modelar as ligações de hidrogénio [111, 112].
A ligação de hidrogénio é um tipo especial de ligação química de três centros do tipo X-H...Y, em que o átomo de H central, ligado por uma ligação covalente a um átomo eletronegativo X (C, N, O, S), forma uma ligação adicional com um átomo Y (N, O, S) que tem um par de electrões não partilhados dirigido ao longo da linha desta ligação. O

átomo de hidrogénio desempenha o papel de uma ponte que liga os fragmentos X e Y. Ou seja, para a formação de uma ligação de hidrogénio, são necessários dois parceiros, um dos quais actua como aceitador da ligação de hidrogénio (fragmento Y) e o outro como dador (fragmento X-H). Na ligação de hidrogénio, a configuração linear dos átomos é energeticamente vantajosa, pelo que é possível modelar por vectores o deslocamento do protão para o dador de electrões ao longo da linha de ligação:

Dador de ligações H Aceitador de ligações H Aceitador de ligações H

Qualquer molécula que tenha fragmentos capazes de formar ligações de hidrogénio pode ser representada por um sistema de vectores que reflectem a sua capacidade de serem dadores e/ou aceitadores de ligações de hidrogénio. ;;Os comprimentos desses vectores podem ser caracterizados pelos valores dos factores ácido (aceitador de electrões) P e básico (dador de electrões) E propostos por A.V. Johansen em [113]. O cálculo destes factores decorre da ideia da constância das funções ácida e básica das moléculas, da independência mútua destas funções, que predeterminam a força das ligações H. Cada molécula em associação com outras moléculas dá a sua contribuição constante. Quantitativamente, esta representação é expressa pela regra do produto dos parâmetros (factores) dos "ácidos" e das "bases" nas ligações de hidrogénio - a "regra dos factores":

$$\Delta H_{ij} = \Delta H_{11} P_i E_j,$$

onde o coeficiente de proporcionalidade *Sh11-* entalpia de um complexo H padrão arbitrário cujos parceiros têm P1 = *£) = 1.*

ΔH_{11} O fenol e o éter dietílico foram propostos como um sistema padrão, para o qual = 5,3 kcal/mol. Os valores dos factores *Pi* ácido (aceitador de electrões) e *Ei* básico (dador de electrões) - Johansen, que foram utilizados neste trabalho, são apresentados no Quadro 4.1.

Tabela 4.1.

Valores de *Pi* ácido (aceitador de electrões) e *Ei* básico (dador de electrões) - factores de alguns fragmentos de moléculas de acordo com os métodos de Johansen

	fragmento molecular	valor do fator (comprimento do vetor)
Dador de ligações H	O-H→	*Pi* =0,63
Aceitador de ligações H	>C=O←	*Ei* =0,93
Aceitador de ligações H	>O←	*Ei* =1,00
Aceitador de ligações H	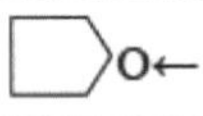	*Ei* =1,04

Assim, representando uma molécula como um sistema de vectores de um certo comprimento que reflectem os fragmentos doadores e aceitadores da molécula, é possível construir um vetor IP que caracteriza a possibilidade de formação de potenciais ligações de hidrogénio. Sabemos que a ligação de hidrogénio intermolecular é uma interação de curto alcance e que se realiza a distâncias inferiores à soma dos raios de van der Waals dos átomos H e Y. No entanto, ao modelar o IP da ligação de hidrogénio para moléculas a grandes distâncias, temos em conta o facto de que as moléculas em interação parecem "sentir-se" umas às outras e, mesmo antes da formação de uma verdadeira ligação de hidrogénio, "preparam-se" para a interação atractiva, orientando-se no espaço de forma adequada.

4.1.2. Corticosteroide - globulina de ligação.

A procura de dependências que descrevem a relação estrutura-afinidade dos esteróides com a CRC foi realizada separadamente para o grupo que inclui parâmetros FE escalares como a divergência, o gradiente e o potencial FE (Modelo I) e para o grupo que consiste apenas em parâmetros FE vectoriais de potenciais ligações de hidrogénio (Modelo II). Foi também construído um modelo QSAR que inclui os parâmetros estruturais de ambos os grupos (Modelo III). Como resultado, foi possível obter três modelos aproximadamente equivalentes I, II, III para estes casos. A Tabela 4.2 apresenta, para estes modelos, os parâmetros das equações de correlação que descrevem a relação entre as caraterísticas dos campos de informação das moléculas de esteróides estudadas e a sua afinidade pela globulina de ligação aos corticosteróides, e a Tabela 4.3 apresenta os valores observados e previstos da atividade biológica de acordo com os três modelos obtidos.

No primeiro caso (Modelo I), quando todos os parâmetros escalares de EF foram utilizados, foram considerados cerca de 18 mil parâmetros estruturais. Após a seleção dos parâmetros estruturais mutuamente correlacionados (com $r > 0,9$), o número de parâmetros foi reduzido para 216. Foi obtida uma equação de três parâmetros (Quadro 4.2.) através do método de regressão por etapas, que envolveu os parâmetros de divergência do campo de gradiente dos IPs ponderados em termos de lipofilicidade e eletronegatividade e o parâmetro de divergência do campo de gradiente dos IPs não ponderados.

A Fig. 4.1 (a) mostra as células cúbicas dos parâmetros de informação utilizados no modelo 1. A influência positiva na afinidade das moléculas de esteróides com o CRC será exercida por grupos electronegativos na região do anel D (ver Esquema 4.1.) (célula 49), bem como pela presença de substituintes na região dos anéis D e B (célula 12). A influência negativa na interação dos esteróides com a CRC é exercida pela presença de fragmentos lipofílicos na região do átomo 2 do anel A (célula 354).

Para a construção do Modelo II, apenas foram utilizados os parâmetros dos IPs vectoriais das potenciais ligações de hidrogénio. Na Sect. 4.1.1. (Tabela 4.1) apresentam-se os valores dos factores de Johansen do doador e do aceitador utilizados neste modelo para os fragmentos correspondentes.

Caraterísticas dos modelos QSAR que descrevem a relação entre a estrutura das moléculas de esteróides e a sua afinidade com a globulina de ligação aos corticosteróides

$$A = ax + by + cz + d$$

Caraterísticas do modelo	Modelo I	Modelo II	Modelo III
Número de parâmetros estruturais antes do rastreio / depois do rastreio	18000/216	2000/193	20000/349

a	-0.55	-2.6	-0.61
x	DL(354)	DHyd(526)	DL(19)
b	0.11	1.8	45.0
y	DEn(49)	DHyd(687)	DGeom(220)
c	2.23	1.9	-1.0
z	$_G$D eom(12)	DHyd(616)	DHyd(661)
d	-12.3	-4.0	16.0
R^2	0.92	0.88	0.93
CVR^2	0.89	0.81	0.91
S	0.36	0.45	0.33
F	65.7	39.6	78.0

$_{LL}$D (354) e D (19) são a divergência do campo de gradiente dos campos de informação ponderados pela lipofilicidade (nas células 354 e 19);

$_{HydHydHydHyd}$D (526), D (687), D (616), D (661) é a divergência dos VIPs que caracterizam as potenciais ligações de hidrogénio nas células 526, 687, 616 e 661, respetivamente;

$_{En}$D (49) é a divergência do campo de gradiente dos campos de informação ponderados pela eletronegatividade (na célula 49);

$_{GeomGeom}$D (12) e D (220) são a divergência do campo de gradiente de EF não ponderado (nas células 12 e 220);

R - coeficiente de correlação;

CVR é o coeficiente de correlação, em condições de controlo do rolamento;

S é o erro padrão da estimativa;

F é o critério de Fisher.

Valores observados e calculados da afinidade das moléculas de esteróides pelo globulina de ligação aos corticosteróides (CBG).

número da molécula	valores de afinidade observados (A)	Valores de afinidade previstos (A)		
		Modelo I	Modelo II	Modelo III
1	-6.28	-6.39	-6.16	-6.60
2	-7.65	-7.15	-7.25	-7.60
3	-7.88	-8.15	-7.61	-7.96
4	-5.92	-6.34	-6.48	-6.28
5	-5.00	-4.72	-5.23	-5.00
6	-5.00	-5.15	-5.25	-5.29
7	-5.00	-5.22	-4.50	-5.00
8	-5.26	-5.05	-4.62	-5.28
9	-5.26	-5.49	-5.48	-5.47
10	-5.00	-5.45	-5.51	-5.26
11	-7.38	-6.85	-7.13	-7.17
12	-5.00	-4.73	-5.32	-5.44
13	-7.74	-7.45	-7.50	-7.32
14	-6.72	-6.39	-6.72	-6.40
15	-5.00	-4.65	-4.95	-4.46
16	-5.76	-6.43	-6.22	-6.10
17	-5.61	-5.57	-5.98	-5.45

18	-7.88	-7.74	-7.72	-7.81
19	-7.88	-7.92	-7.14	-7.55
20	-6.89	-7.05	-7.65	-7.16
21	-5.00	-5.24	-4.70	-4.52

No total, foram considerados 2 mil parâmetros estruturais. Após a contabilização dos parâmetros recíprocos

correlações (r > 0,9), o número de parâmetros diminuiu para 193. A análise QSAR resultou numa equação de regressão de três parâmetros (Quadro 4.2.).

Os resultados obtidos indicam (Fig. 4.1.(6)) que a presença de grupos aceitadores de ligações de hidrogénio no anel D (célula 687) e no anel A (célula 616) favorecerá a manifestação da atividade biológica estudada, enquanto que a presença de grupos hidroxilo (potenciais dadores de ligações H) na região do anel A (célula 526) dificultará, pelo contrário, a ligação dos esteróides à CRC. Nesta figura e nas seguintes, os vectores nas células mostram a possível localização dos fragmentos-alvo que podem formar ligações de hidrogénio com os fragmentos de de moléculas de esteróides. A cor branca do vetor indica um átomo de hidrogénio e a cor preta indica um átomo eletronegativo ligado por uma ligação covalente ao átomo de hidrogénio do alvo.

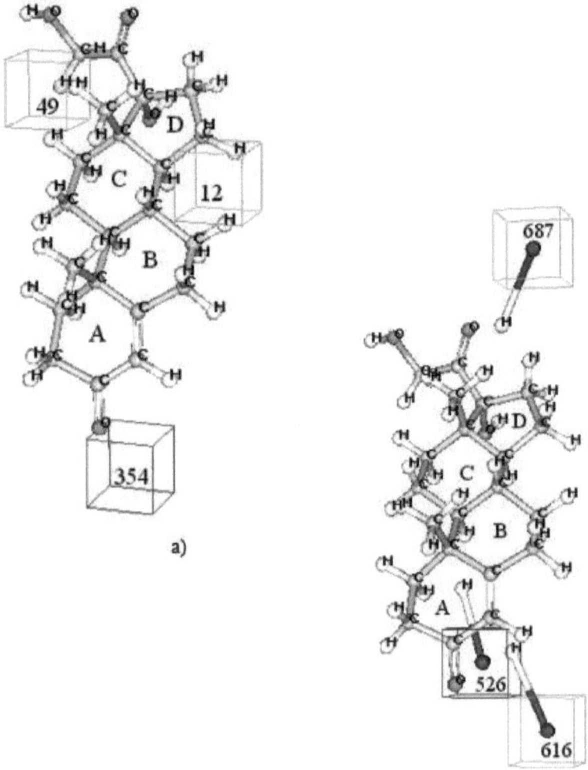

a) б)

Fig.4.1 Células cúbicas nas quais os parâmetros dos campos de informação dos esteróides determinam a sua afinidade com o CRC:

a) Modelo I; b) Modelo II.

Foi também obtida uma equação de regressão de três parâmetros para o modelo III (Tabela 4.2.), que envolveu os parâmetros de divergência do campo de gradiente do PI, PI ponderado pela lipofilicidade e PI não ponderado. Note-se que, para além dos parâmetros dos IPs escalares, este modelo utiliza também o parâmetro de divergência dos IPs vectoriais das potenciais ligações de hidrogénio.

Como se pode ver na Fig. 4.2, a presença de fragmentos lipofílicos na região do anel B (célula 19) terá um efeito negativo na interação dos esteróides com a CRC. A presença de substituintes na região dos anéis B e D (célula 220) favorecerá, pelo contrário, a atividade.

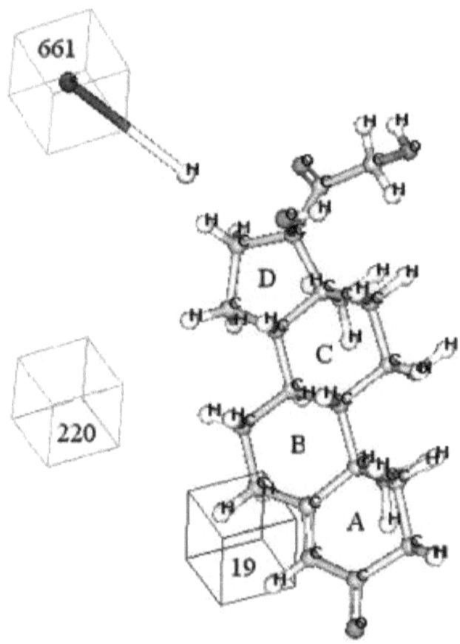

Fig.4.2 Células cúbicas nas quais os parâmetros dos campos de informação dos esteróides determinam a sua afinidade com o CRC (Modelo III).

Tal como no caso anterior (Modelo II), a presença de potenciais grupos aceitadores de ligações de hidrogénio na região do anel D (célula 661) também contribuirá para a atividade biológica em estudo.

Assim, utilizando o conceito de moléculas FE, foi possível obter modelos QSAR bastante adequados para a ligação de esteróides à CRC. [2222]Pode-se notar que o modelo III é estatisticamente superior (R = 0,93, CVR = 0,91) ao modelo obtido pelo método CoMFA (R = 0,90, CVR = 0,66) [102]. Além disso, este modelo apoia a hipótese do papel importante das ligações de hidrogénio intermoleculares para a ligação das moléculas de esteróides aos CRCs.

4.1.3. Globulina de ligação à testosterona.

Tal como no caso do estudo da afinidade dos esteróides com a CRC, as dependências que descrevem a relação estrutura-afinidade dos esteróides com a globulina de ligação à testosterona (TSG) foram pesquisadas separadamente para o grupo que incluía apenas parâmetros FE escalares (Modelo IV) e para o grupo que consistia apenas em parâmetros FE vectoriais de potenciais ligações de hidrogénio (Modelo V). Foi também construído um modelo QSAR incluindo parâmetros estruturais de IPs escalares e IPs vectoriais de potenciais ligações de hidrogénio (Modelo VI). Isto resultou em três modelos aproximadamente equivalentes: IV, V e VI. A Tabela 4.4. para estes modelos apresenta os parâmetros das equações de correlação que descrevem a relação entre as caraterísticas dos campos de informação e a afinidade dos esteróides pela TSH, e a Tabela 4.5. apresenta os valores observados e previstos da atividade biológica das moléculas de esteróides de acordo com os três modelos QSAR obtidos.

Obteve-se uma equação de regressão de três parâmetros para o modelo IV (quadro 4.4), que envolveu os parâmetros de divergência do campo de gradiente dos IP ponderados pela lipofilicidade e pela massa atómica e o parâmetro de divergência do campo de gradiente dos IP não ponderados.

Caraterísticas dos modelos QSAR que descrevem a relação entre a estrutura das moléculas de esteróides e a sua afinidade com a globulina de ligação à testosterona

A = ax + by + cz + d

Caraterísticas do modelo	Modelo IV	Modelo V	Modelo VI
Número de parâmetros estruturais antes do rastreio / depois do rastreio	18000/234	2000/136	20000/342
a	-2.56	1.40	1.16
x	DAw(114)	DHyd(465)	DHyd(365)
b	0.24	-0.32	-1.0
y	DGeom(132)	DHyd(584)	DGeom(61)
c	0.05	-0.50	0.73
z	DL(25)	DHyd(524)	DL(144)
d	7.83	-8.51	-12.5
R^2	0.94	0.94	0.95
CVR^2	0.91	0.9	0.92
S	0.32	0.31	0.29
F	87.9	97.3	112.1

$_{AW}D$ (114) é a divergência do campo de gradiente dos campos de informação ponderados pelas massas atómicas (na célula 114);

$_{HydHydHydHyd}D$ (465), D (584), D (524), D (365) são as divergências dos FEs vectoriais que caracterizam as potenciais ligações de hidrogénio nas células 465, 584, 524 e 365, respetivamente;

$_{GeomGeom}D$ (132), D (61) é a divergência do campo de gradiente dos campos de informação não ponderados (nas células 132 e 61);

$_{LL}D$ (144), D (25) é a divergência do campo de gradiente dos campos de informação ponderados pela lipofilicidade (nas células 144 e 25);

Valores de afinidade observados e calculados das moléculas de esteróides para a globulina de ligação à testosterona (TSG).

número da molécula	valores de afinidade observados (A)	Valores de afinidade previstos (A)		
		Modelo IV	Modelo V	Modelo VI
1	-5.32	-5.31	-5.70	-5.41
2	-7.38	-7.19	-7.18	-7.28
3	-7.2	-7.17	-7.23	-6.98
4	-9.74	-9.86	-9.31	-9.11
5	-8.83	-9.15	-9.05	-8.57
6	-6.63	-6.45	-6.77	-6.95
7	-8.18	-8.10	-7.64	-8.07
8	-6.15	-7.04	-6.33	-6.12
9	-7.15	-6.89	-7.10	-7.18
10	-6.36	-6.55	-6.04	-6.08
11	-6.94	-7.34	-7.25	-7.21
12	-9.11	-9.10	-9.45	-9.34

13	-7	-7.02	-7.17	-7.28
14	-9.2	-8.79	-9.29	-9.22
15	-9.18	-9.06	-9.13	-9.19
16	-7.46	-7.18	-7.49	-7.88
17	-7.15	-7.30	-7.40	-7.59
18	-6.34	-6.25	-6.67	-6.20
19	-6.2	-6.23	-6.01	-5.93
20	-6.43	-6.48	-6.23	-6.41
21	-7.82	-7.33	-7.33	-7.76

A Fig. 4.3.(a) mostra as células cúbicas dos parâmetros de informação utilizados no modelo IV. Como se pode ver na figura, a presença de substituintes na região do anel D (célula 132) e de fragmentos lipofílicos (célula 25) terá um efeito positivo na interação dos esteróides com a TSH. A presença de substituintes na região do anel C (célula 114) irá, pelo contrário, influenciar negativamente a afinidade das moléculas de esteróides com a TSH.

Para construir o Modelo V, foram utilizados apenas os parâmetros dos vectores IP das potenciais ligações de hidrogénio. Neste modelo QSAR, foram utilizados os valores dos factores Johansen de dador e aceitador para os fragmentos de moléculas capazes de atuar como dadores e/ou aceitadores de ligações de hidrogénio apresentados no Quadro 4.1.

Os resultados obtidos indicam (Fig. 4.3.(6)) que a presença de grupos hidroxilo no anel D (célula 465), que são dadores de ligações de hidrogénio, favorecerá a atividade biológica em estudo, enquanto que a presença de grupos que actuam como potenciais aceitadores de ligações de hidrogénio na região do anel B (célula 524) e na região do anel D (célula 584) inibirá, inversamente, a ligação dos esteróides à TSH.

Comparando os resultados das análises dos modelos II e V, nota-se uma diferença na interação dos esteróides com os CRCs e TSGs. Na região do anel D (células 687 e 584) (Fig.4.1.(b) e Fig.4.3.(b)), a presença de grupos aceitadores de ligações de hidrogénio influenciará positivamente a ligação dos esteróides à globulina de ligação aos corticosteróides, enquanto a presença de grupos dadores de ligações de hidrogénio na região deste anel favorecerá a afinidade dos esteróides à globulina de ligação à testosterona.

Foi derivada uma equação de regressão de três parâmetros para o modelo VI (Quadro 4.4.), envolvendo os parâmetros de divergência do campo de gradiente de IP ponderado pela lipofilicidade, IP não ponderado, IP não ponderado e o parâmetro de divergência do vetor IP de potenciais ligações de hidrogénio.

Como se pode ver na Fig. 4.4, a presença de fragmentos lipofílicos na região dos anéis A e B (célula 144), bem como a presença de grupos hidroxilo (potenciais dadores de ligações de hidrogénio) na região do anel D (célula 365) favorecem a ligação dos esteróides à TSH. A presença de substituintes na região do anel C (célula 61) terá um efeito negativo na manifestação da atividade biológica estudada das moléculas de esteróides.

Assim, utilizando o conceito de moléculas FE, foi possível obter modelos QSAR bastante satisfatórios também para a afinidade das moléculas de esteróides pela TSH.

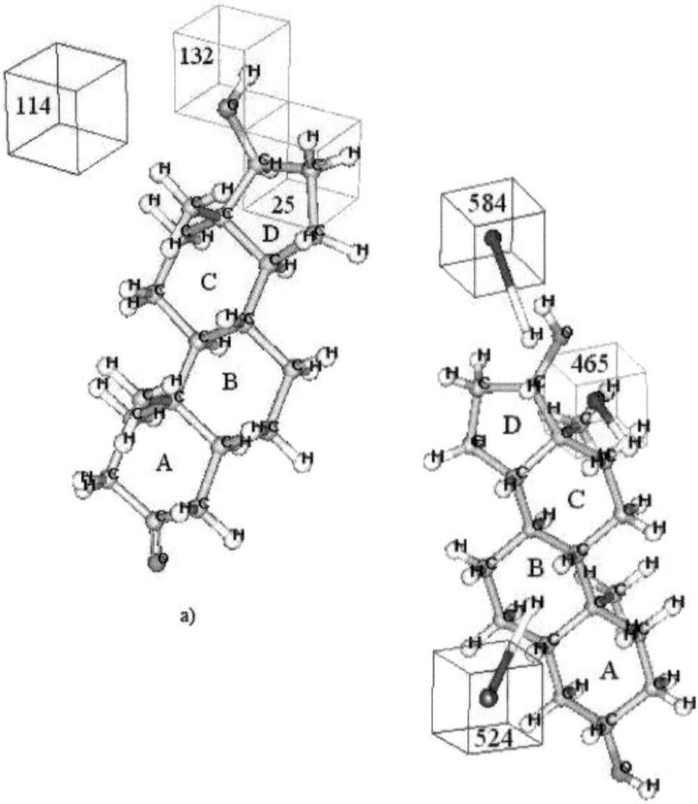

б)

Fig.4.3 Células cúbicas em que os parâmetros de informação dos esteróides determinam a sua afinidade com a TSH: a) pelo Modelo IV; b) pelo Modelo V.

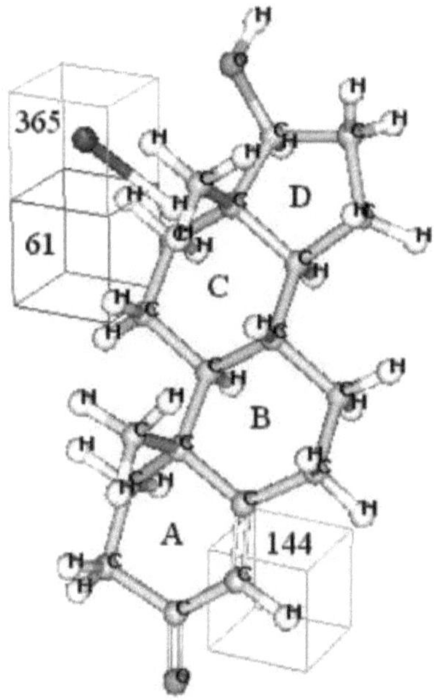

Figura 4.4 Células cúbicas em que os parâmetros dos campos de informação dos esteróides determinam a sua afinidade com a TSH (Modelo VI).

[22]Pode notar-se que o modelo VI é estatisticamente superior ao modelo obtido pelo método CoMFA (R = 0,87, CVR = 0,60) [102]. Tal como no caso anterior (com CRC), este modelo QSAR também apoia a hipótese do papel importante das ligações de hidrogénio intermoleculares na ligação dos esteróides à TSH. Além disso, com base nos dados obtidos, é possível falar da diferença nos mecanismos de ligação dos esteróides às globulinas correspondentes (CRC e TSH).

4.2 Análise da influência da estrutura das 1 ,4-benzodiazepinas-2-onas na ligação específica ao recetor de benzodiazepinas

[9]Utilizando o conceito de PI, tentámos investigar o efeito da estrutura de uma série (57 moléculas) de 1,4-benzdiazepina-2-onas, incluindo várias preparações comerciais (Quadro 4.6.), na inibição do local da benzdiazepina (BzR) na família de receptores LAMKA [114].

Esta série de moléculas foi estudada anteriormente em [115], onde diferentes índices topológicos foram utilizados como parâmetros estruturais. A análise da relação estrutura-atividade pelo método MLR e pelo método PLS conduziu os autores a resultados insatisfatórios. Assim, mesmo depois de remover as sete estruturas "inconvenientes" da série de 57 moléculas, os coeficientes de correlação das melhores regressões foram apenas R=0,721 para MLR e R=0,754 para o método PLS.

No presente trabalho, a mesma amostra de treino de 57 moléculas foi considerada no

$_{50}$parâmetro de inibição (LogIC): $_{50}$IC em nmol/L

âmbito do modelo de estrutura molecular [108]. As estruturas dos compostos estudados foram optimizadas utilizando o método de mecânica molecular (campo de forças MM+) [110] e alinhadas por potenciais grupos farmacóforos >N-, >C=O, >C=N-. As moléculas investigadas foram então colocadas numa estrutura cúbica com um tamanho de célula de 2,0 A. Em cada célula da rede, foram calculados os parâmetros dos PI escalares e vectoriais ponderados pela eletronegatividade, lipofilicidade, massa, refração, raios de van der Waals dos átomos correspondentes das moléculas. Além disso, foram calculados os parâmetros de PI vectoriais de potenciais ligações de hidrogénio, uma vez que as moléculas de 1,4-BD contêm fragmentos capazes de atuar como dadores e/ou aceitadores de ligações de hidrogénio. Como resultado da análise QSAR, obtiveram-se três modelos de regressão equivalentes: VII - utilizando apenas parâmetros IP escalares, VIII - utilizando parâmetros IP escalares e parâmetros IP vectoriais de potenciais ligações de hidrogénio, e IX - utilizando todos os parâmetros acima referidos e parâmetros IP vectoriais que reflectem a heterogeneidade da distribuição da informação na molécula (Tabela 4.7.).

Valores observados e previstos de Log(IC50) na série de 1,4-benzodiazepinas.

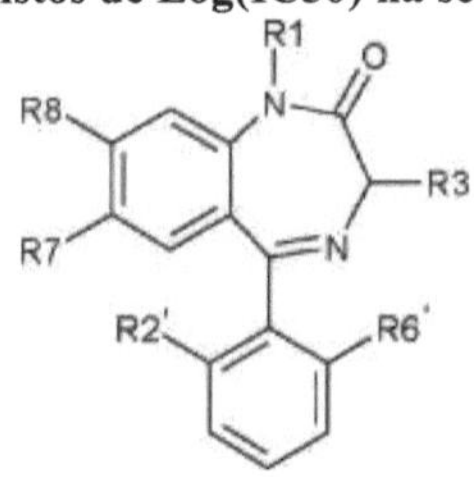

№	R7	R1	R2'	R6'	R3	R8	A3KCn	A7	A8	A9
1	F	H	H	H	H	H	1.602	1.454	1.314	1.698
2	F	Eu	H	H	H	H	1.230	1.543	1.342	1.691
3	F	H	F	H	H	H	0.869	0.687	0.548	1.039
4	F	Eu	F	H	H	H	0.708	0.978	0.650	1.058
5	Cl	H	H	H	H	H	0.973	1.220	1.223	0.76
6	Cl	Eu	H	H	H	H	0.908	1.232	1.314	0.83
7	Cl	H	F	H	H	H	0.301	0.494	0.574	0.322
8	Cl	H	Cl	H	H	H	0.255	0.492	0.062	0.193
9	I	Eu	F	H	H	H	0.462	0.114	0.090	0.621
10	CF3	H	H	H	H	H	1.114	1.712	1.550	1.628
11	N3	H	F	H	H	H	0.724	1.192	0.663	0.437
12	NO2	H	H	H	H	H	1.000	1.096	1.386	1.092
13	NO2	H	F	H	H	H	0.176	0.256	0.663	0.52
14	NO2	Eu	F	H	H	H	0.580	0.552	0.917	0.636
15	NO2	H	Cl	H	H	H	0.255	0.255	0.063	0.345
16	NO2	Eu	Cl	H	H	H	0.342	0.435	0.383	0.392
17	NO2	H	CF3	H	H	H	0.544	0.645	0.458	0.343

18	NHOH	Eu	F	H	H	H	1.982	1.651	1.861	2.124
19	NH2	H	II	H	H	H	2.587	2.208	2.774	2.474
20	NH2	Eu	H	H	H	H	2.663	2.305	2.852	2.575
21	NH2	Eu	F	H	H	H	1.813	1.736	2.089	1.812
22	NH2	H	Cl	H	H	H	1.875	1.350	1.461	1.471
23	CN	Eu	H	H	H	H	2.580	1.699	2.082	1.952
24	CN	Eu	F	H	H	H	1.477	1.060	1.548	1.433
25	Et	H	H	H	H	H	1.556	1.585	1.468	1.522
26	CH=CH2	H	H	H	H	H	1.380	1.552	1.120	1.439
27	CHO	H	H	H	H	H	1.663	2.213	1.744	1.913
28	COMe	H	F	H	H	H	1.255	1.151	1.086	0.943
29	H	H	H	H	H	H	2.544	1.917	1.970	1.999
30	H	H	F	H	H	H	1.322	1.056	1.302	1.361

№	R7	R1	R2'	R6'	R3	R8	$A^{эксп}$	A7	A8	A9
31	H	Eu	F	H	H	H	1.146	1.347	1.313	1.322
32	H	Eu	Cl	H	H	H	0.580	1.224	0.813	1.016
33	Cl	CH2CF3	H	H	H	H	1.964	2.246	1.760	2.022
34	NO2	CH2OCH3	H	H	H	H	2.633	2.596	2.551	2.53
35	Cl	C(CH3)3	H	H	H	H	2.792	2.869	2.567	2.601
36	Cl	(CH2)2OH	F	H	H	H	1.389	1.719	1.208	1.603
37	NO2	C(CH3)3	F	H	H	H	2.477	2.207	2.263	2.417
38	H	H	F	F	H	H	1.279	0.982	1.441	1.436
39	Cl	H	F	F	H	H	0.204	0.431	0.726	0.314
40	Cl	Eu	F	F	II	H	0.613	0.691	0.965	0.312
41	Cl	H	Cl	F	H	H	0.477	0.377	0.270	0.108
42	Cl	H	Cl	Cl	H	H	0.845	0.448	0.662	0.767
43	Cl	Eu	Cl	Cl	H	H	0.740	0.585	0.812	0.672
44	Br	Eu	F	F	H	H	0.380	0.249	0.443	0.38
45	Cl	H	F	H	Eu	H	0.544	0.636	0.680	0.411
46	NO2	H	Cl	H	Eu	H	0.079	0.366	0.147	0.4
47	NO2	Eu	F	H	Eu	H	0.845	0.640	0.912	0.707
48	Cl	Cl	H	H	Eu	H	1.690	1.475	1.459	1.396
49	Cl	H	H	H	OH	H	1.255	1.490	1.394	1.511
50	Cl	Eu	H	H	OH	H	1.204	1.551	1.415	1.667
51	Cl	H	Cl	H	OH	H	0.544	0.746	0.303	0.698
52	Cl	H	F	H	Cl	H	0.724	0.676	0.761	0.688
53	H	H	F	F	H	Cl	1.447	1.257	1.388	1.476
54	H	H	F	H	H	Eu	1.279	1.199	1.507	1.203
55	Cl	Eu	H	H	H	Cl	1.602	1.519	1.416	1.136
56	Cl	H	F	H	H	Cl	0.556	0.796	0.621	0.569
57	Eu	H	F	H	H	Cl	1.146	1.242	0.818	1.186

Os modelos QSAR que obtivemos, caracterizando a inibição dos receptores benzodiazepínicos, excedem significativamente em caraterísticas estatísticas os resultados dos estudos QSAR efectuados pelos autores do artigo original [115] (R<0,75).

A Fig. 4.7.(a) mostra que todos os parâmetros de informação estão concentrados principalmente na região dos substituintes e reflectem a influência de cada um deles na atividade biológica do 1,4-BD. A presença de fragmentos de massa na região de substituição R1 $_2$(Tabela 4.6.) (células 92, 507) e R8 (célula 69), e fragmentos electronegativos na região dos substituintes R (célula 4) favorecerá o aumento do parâmetro de inibição.

$_A$Caraterísticas dos modelos QSAR que descrevem a relação estrutural de uma série de 1,

4-benzdiazepinas-2-onas com o parâmetro de inibição do sítio da benzdiazepina nos receptores

da família GABA

$_{23456}$A = ax1 + bx + cx + dx + ex + fx + g

Caraterísticas do modelo	Modelo VII	Modelo VIII	Modelo IX
Número de parâmetros selecionados	6	6	6
a	-4.09	-0.48	-0.79
X1	DAW(92)	DAW(64)	DAW(67)
b	-0.78	-0.18	-0.009
X2	DvDW_Rad(507)	GGeom(6)	RotRf(70)
c	-0.52	-0.03	-0.04
X3	DAW(69)	DHyd(143)	DHyd(143)
d	0.27	2.39	0.002
X4	GL(6)	DGeom(5)	RotAw(733)
e	2.09	0.57	-0.28
X5	DAW(19)	DAW(44)	DAW(8)
f	-1.9	-3.31	0.82
X6	DEN(4)	DHyd(746)	$_R$D f(44)
g	8.89	-4.07	0.64
R	0.91	0.94	0.94
CVR	0.88	0.92	0.93
S	0.33	0.27	0.26
F	37	60	65

DAW(92), DAW(69), DAW(19), DAW(64), DAW(44), DAW(67), DAW(8) - parâmetro de divergência do campo de gradiente do IP ponderado pela massa atómica nas células 92, 69, 19, 64, 44, 67, 8, respetivamente; $_{DVDWRad}$(507) - parâmetro de divergência do campo de gradiente de IP ponderado pelos raios de van der Waals dos átomos moleculares na célula 507;

$_{LGeom}$G (6), G (6) é o parâmetro de gradiente dos IP ponderados em função da lipofilicidade e dos IP não ponderados na célula 6;

$_{Rf}$Rot (70) - rotor de VIPs ponderados por refração na célula 70;

$_{HydHyd}$D (143), D (746) é o parâmetro de divergência VIP das potenciais ligações de hidrogénio nas células 143, 746;

$_{Geom}$D (5) é o parâmetro de divergência do campo de gradiente do gradiente de EF não ponderado na célula 5;

$_{AW}$Rot (733) é o rotor da distribuição da massa atómica VIP;

$_{EN}D$ (4) é o parâmetro de divergência do campo de gradiente IP ponderado pela eletronegatividade na célula 4;
$_{R}D$ I(44) é o parâmetro de divergência do campo de gradiente IP ponderado por refração na célula 44;

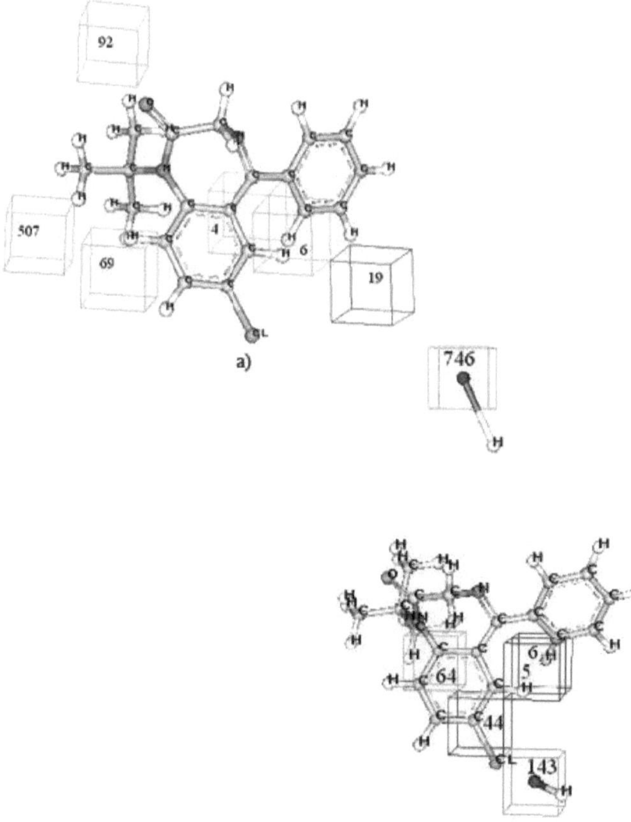

$_{50}$Fig.4.7. Células cúbicas em que os parâmetros de informação das 1,4 - benzodiazepinas determinam o Log(IC) das moléculas: a) pelo modelo VII; b) pelo modelo VIII.

$_{2}$A influência negativa no parâmetro de inibição será causada pela presença de fragmentos em massa na região dos substituintes R (célula 19).

No modelo VIII, como se pode ver na Fig. 4.7. (b), todos os parâmetros IP estão localizados na região dos substituintes, exceto o parâmetro de divergência dos IPs vectoriais das potenciais ligações de hidrogénio (célula 746). $_{7}$A presença de fragmentos volumosos na região dos substituintes Ri (célula 64), bem como a presença de fragmentos capazes de atuar como dadores de ligações de hidrogénio na região dos substituintes R (célula 143) contribuirão para o aumento do parâmetro de inibição. Note-se que o parâmetro IP do vetor de ligação de hidrogénio localizado fora das moléculas na região próxima dos substituintes R3 (célula 746) também contribui para o aumento do parâmetro de inibição.

$_{27}$A presença de grupos volumosos na região dos substituintes R (célula 5) e R (célula 44) afectará negativamente o parâmetro de inibição das moléculas investigadas.

No modelo QSAR IX (ver Quadro 4.7. e Fig. 4.8), para além dos parâmetros FE escalares e dos parâmetros FE vectoriais das potenciais ligações de hidrogénio, estão também envolvidos parâmetros FE vectoriais, tendo em conta a distribuição das massas e as refracções dos átomos. Como se pode ver na Fig. 4.8, tal como nos modelos anteriores (VII e VIII), a presença de grupos volumosos (substituintes R1) (célula 67) terá um efeito positivo na constante de inibição. $_{67}$Além disso, a presença de grupos volumosos (substituintes R) (célula 8), bem como a presença de fragmentos capazes de serem dadores de ligações de hidrogénio na região dos substituintes R (célula 143) também contribuirão para um aumento do parâmetro de inibição do local da benzodiazepina.

Assim, o conceito desenvolvido de PI permite-nos resolver e interpretar com êxito problemas relacionados com o estudo da influência da estrutura dos compostos na sua atividade biológica, ou seja, os parâmetros de informação podem ser utilizados com êxito como descritores estruturais para prever várias propriedades das moléculas.

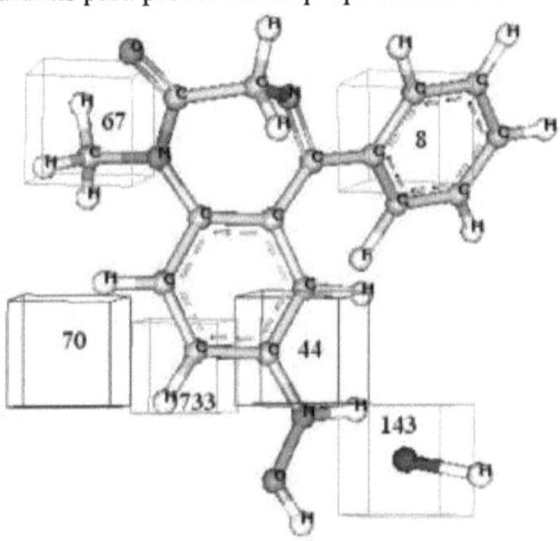

$_{50}$Figura 4.8: Células cúbicas em que os parâmetros do campo de informação das 1,4-benzodiazepinas determinam o Log(IC) das moléculas (Modelo IX).

4.3 Análise da influência da estrutura dos P-dicetonatos de lantanídeos (III) na intensidade da luminescência

Para além dos objectivos de estrutura-bioatividade, no presente trabalho tentámos analisar a eficácia da abordagem desenvolvida para o estudo de outras propriedades.

O interesse contínuo dos investigadores no estudo da estrutura e das propriedades dos diketonatos de lantanídeos |3 (Ln) deve-se às suas propriedades únicas, devido às quais são largamente utilizados na criação de materiais transformadores de luz e outros materiais ópticos, como reagentes de deslocamento na espetroscopia de RMN, sonda luminescente na análise de imunofluorescência, etc. [116-119]. [116-119].

O maior número de trabalhos refere-se ao estudo das propriedades de compostos de Ln com |3- dicetonas (principalmente derivados de acetilacetona AA) contendo radicais alquilo curtos. A estrutura destes compostos na fase sólida foi estudada por difração de raios X [118], e em soluções - por espetroscopia NMR [120], o que nos permite determinar não só o número de ligandos, mas também a forma da sua coordenação e a

estrutura química do complexo. 33O método da mecânica molecular foi aplicado pelos autores [121] para calcular a estrutura espacial dos acetilacetonatos e benzoilacetonatos Ln - Ln(AA) , Ln(EA) .
Como se sabe [119], um dos factores que limita a possibilidade de observar a intensa luminescência do Ln em soluções aquosas dos seus complexos é a sua atenuação por vibrações dos grupos OH das moléculas de água (OH-osciladores) incluídas na esfera de coordenação interna do complexo. A sua deslocação total ou parcial ocorre com a introdução de um segundo ligando, geralmente uma base orgânica. O estudo das caraterísticas ópticas dos complexos de Ln com derivados de fenil e a-tienil acetilacetona contendo diferentes substituintes fluoroalquilo demonstrou a existência de uma correlação entre a intensidade, o rendimento quântico e o tempo de vida de luminescência dos P-diketonatos de Ln e o comprimento da cadeia do radical fluorado (RF) [122-124]. F3613F613Verificou-se [125] que o alongamento de R DE CF PARA C F leva à deslocação completa das moléculas de água da esfera de coordenação interna do complexo sem a introdução de um segundo ligando em R = C F .
613613817O facto de o C F ser um resíduo do ácido perfluoroenantóico utilizado como tensioativo permitiu avançar com a hipótese da formação, por radicais fluorocarbonados longos (C F -C F), de uma concha altamente hidrofóbica capaz de proteger o ião central da ação de extinção das moléculas de água [126]. A disposição em forma de hélice dos anéis quelatos nos complexos de Ln com perfluoro-P dicetonas foi estabelecida por mecânica molecular e espetroscopia de RMN. 63Verificou-se que os radicais fluorocarbonetos longos (C Fi) formam uma concha quase esférica em torno do ião central. Os valores calculados da hidrofobicidade (logP) das P-dicetonas fluoradas são 2-3 vezes superiores aos valores deste parâmetro para os análogos não fluorados. F613817Assim, ao criar uma concha altamente hidrofóbica em torno do ião Ln, os ligandos com R =C F -C F impedem a penetração de moléculas de água na esfera de coordenação interna do complexo, o que determina a elevada intensidade de luminescência dos P-dicetonatos Ln perfluorados.
Neste trabalho, tentámos, utilizando o conceito de IP, estabelecer uma relação entre a intensidade de luminescência dos [3-dicetonatos de Ln e os parâmetros de IP ponderados pela lipofilicidade [127].
F38173232Neste trabalho, foram analisados os derivados fenílicos e a-tienílicos de AA com diferentes comprimentos de cadeia do radical fluorado (R =CF -C F), incluindo aqueles com a inclusão de um átomo de oxigénio (CF OCF -, CF OCF CF2-) e comparados AA e BA.
3+3+3+3+Os complexos tris-quelato |3-diketonato de Sm , Eu , Nd , Yb (Quadro 4.8.) foram considerados como objeto de estudo. 3+3+3+3+Dado que, em condições idênticas, a intensidade de luminescência dos [3-diketonatos de Eu (calculada) é uma ordem de grandeza superior à do Sm , 2 e mais ordens de grandeza superior à do Yb e do Nd , 3+3+3+3+3+o seu registo foi efectuado em condições diferentes (concentração de Ln e abertura da fenda do espetrómetro), pelo que, infelizmente, não é possível resolver o problema estrutura-propriedade simultaneamente para os compostos Sm , Eu , Nd e Yb . Neste contexto, os modelos de regressão correspondentes foram construídos para quatro amostras, cada uma das quais incluindo complexos de um dos metais estudados (Tabela

4.9.).

Os compostos desta série foram considerados no âmbito do modelo de estrutura molecular [109]. Na fase inicial do trabalho, as moléculas da série investigada foram optimizadas utilizando o campo de forças universal (UMF) [128]. De seguida, foi realizada uma pesquisa conformacional para todos os complexos metálicos, resultando num conjunto de conformadores para cada molécula individualmente. A partir destes conjuntos, selecionámos as conformações energeticamente mais favoráveis.

As conformações obtidas foram combinadas com os átomos de metal e os átomos de oxigénio associados. Depois destas operações, foram construídos modelos de rede para cada molécula e calculados mais de 3 mil parâmetros estruturais. Em cada célula da rede, foram calculados o potencial, o gradiente e a divergência do campo de gradiente dos campos de informação ponderados pela lipofilicidade dos átomos da molécula. $_{LipLipLip}$Após a seleção dos parâmetros mutuamente correlacionados, foram obtidos modelos com caraterísticas estatísticas bastante satisfatórias para cada subamostra através do método de regressão por etapas (Quadro 4.9.), em que *D (890), D (590), D (913)* são as divergências dos campos de gradiente de PI ponderados pela lipofilicidade nas células 890, 590 e 913, respetivamente.

Tabela 4.8.

$_{M}$Intensidade de luminescência (1lu) dos complexos de Sm, Eu, Nd e Yb com derivados de acetilacetona R1 - COCH2CO - R2.

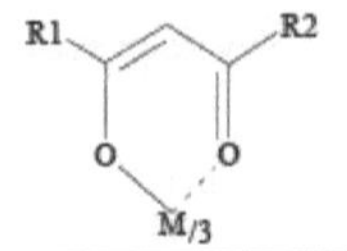

M : Eu, Nd, Sm, Yb

Não.	P-dicetonas (substituintes)			люм[., unidade OTH.		
n/a	R1	R2	Sm	Eu	Nd	Yb
1	SNz -	CH3 -	1	2	3	3
2	SNz -	C6H5 -	7	14	15	11
3	CF3 -	C6H5 -	38	43	35	45
4	C3F7 -	C6H5 -	55	80	41	59
5	C6F13 -.	C6H5 -	110	150	98	93
6	C8F17 -	C6H5 -	130	206	110	98
7	CF3-O-CF2 -	C6H5 -	60	85	45	54
8	CF3-O-CF2-CF2 -	C6H5 -	68	101	66	78
9	C3F7-O-CF(CF3) -	C6H5 -	70	162	60	62
10	CF3-O-(CF2)3 - O - CF(CF3) - -	C6H5 -	95	181	82	84
11	CF3 -	[10]C4H3S -	14	18	30	37
12	C3F7 -	C4H3S -	45	62	38	53
13	C6F13 -.	C4H3S -	89	120	78	84
14	CF3-O-(CF2)3 - O - CF(CF3) - -	C4H3S -	61	75	43	51
15	CF3-O-CF2 -	C4H3S -	90	174	75	79

A Fig. 4.9 mostra as regiões do espaço em que os parâmetros de informação têm uma

influência decisiva na luminescência dos complexos de lantanídeos. Como se pode ver na figura, estes parâmetros estão localizados na região dos grupos fluoroalquilo.
Assim, os resultados obtidos são totalmente consistentes com a hipótese da criação, pelos grupos fluoroalquilo, de uma barreira hidrofóbica que impede a penetração de moléculas de água na esfera de coordenação interna do complexo.

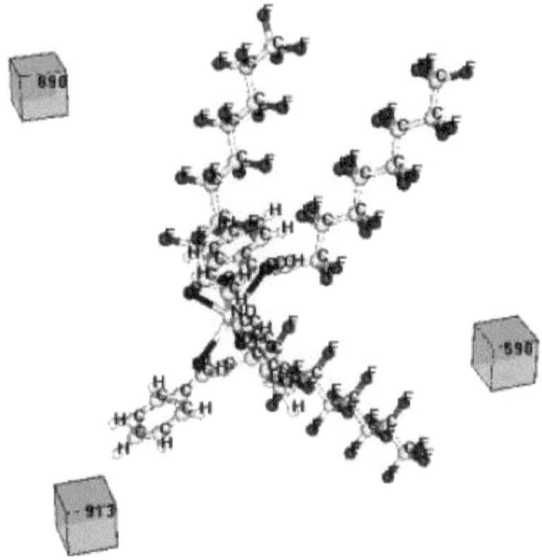

Figura 4.9. Regiões do espaço (células 590, 913 e 890) em que os parâmetros de divergência dos IP ponderados pela lipofilicidade têm uma influência decisiva na luminescência de complexos de lantanídeos.

Tabela 4.9.

Modelos de regressão da relação estrutura-intensidade luminescente

β· *Y=A+B-X* **para complexos de lantanídeos com -diketonas.**[10]

Y	A	B	X	R	CVR	S	F
^{Eu}1lum ( )	-179.2	3714.6	*DLip(890)*	0.95	0.94	21.6	114.6
1lum (Nd)	-33.6	1132.9	*DLip(590)*	0.95	0.94	9.4	130.4
1lum $^{(Sm)}$	-51.7	1441.7	*DLip(590)*	0.94	0.93	13.1	101.7
1lum $^{(Yb)}$	-12.4	1155.0	*DLip(913)*	0.91	0.88	10.5	85.4

Como se pode ver no quadro 4.9, a qualidade das equações de regressão é bastante boa satisfatórios - coeficientes de correlação R = 0,91 - 0,95, os coeficientes de correlação obtidos em condições de controlo de deslizamento (CVR = 0,88 - 0,94) são muito elevados. A comparação dos dados calculados e experimentais é apresentada na Fig. 4.10.

[1010] α -tienilo

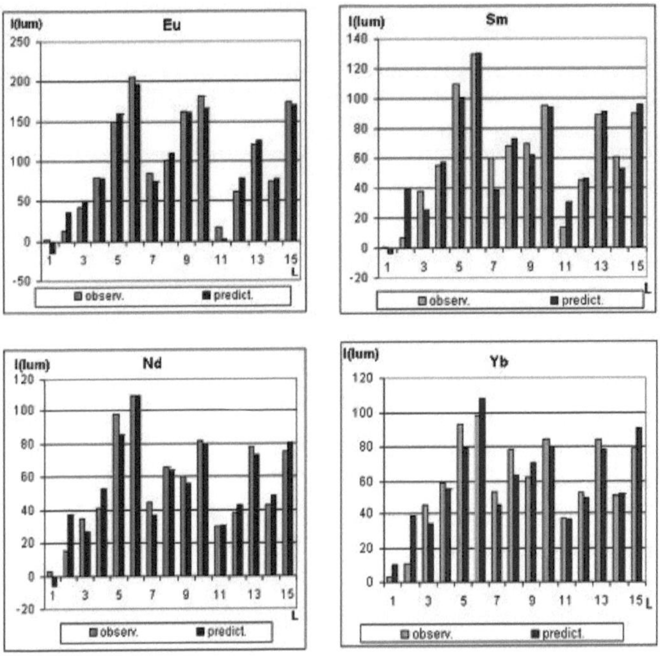

Fig. 4.10. Valores iniciais e calculados da intensidade de luminescência dos complexos Ln.

Assim, os modelos de estrutura-propriedade obtidos são bastante adequados para o rastreio preliminar da intensidade de luminescência dos complexos de Ln de [3-dicetonato]. Muito provavelmente, a expansão da amostra de treino através da inclusão de novos complexos melhorará a qualidade dos modelos de propriedades estruturais correspondentes no futuro.

Conclusões

Os principais resultados do presente trabalho são a criação do conceito de PI, a análise sistemática das possibilidades da sua aplicação para resolver problemas de "estrutura-propriedade" e a identificação das regularidades da influência de vários parâmetros de PI das moléculas nas suas propriedades.

1. O conceito de campo de informação potencial, de um ponto de vista formal, reflecte a situação em que um objeto (molécula) estrutura o espaço circundante, ou seja, gera informação no mesmo. Os modelos que concretizam este conceito permitem construir campos de informação escalares e vectoriais ponderados por diferentes propriedades (massa, carga, lipofilicidade, etc.). Estes campos caracterizam, de facto, a informação sobre a distribuição da propriedade considerada no espaço.
2. Num certo número de sistemas-modelo (vários derivados do benzeno), é demonstrado que, com a variação sistemática da estrutura molecular, vários parâmetros dos campos de informação correspondentes mudam de forma regular, o que nos permite utilizar os parâmetros dos campos de informação molecular para resolver vários problemas de "estrutura-propriedade".
3. O modelo do campo de informação molecular da quiralidade reflecte a capacidade de uma molécula quiral dissimetrizar o espaço circundante. Verificou-se que apenas para as moléculas acirais as regiões positivas ("direita") e negativas ("esquerda") do potencial do campo de informação da quiralidade se compensam totalmente. Para os enantiómeros de moléculas com simetria axial, o potencial do campo de informação de quiralidade tem um sinal constante: (+) para os estereoisómeros "direitos" e (-) para os estereoisómeros "esquerdos".
4. Em sistemas modelo, mostra-se que, para os compostos supramoleculares, a complementaridade dos campos de informação das moléculas "hospedeira" e "convidada", estimada com base nas caraterísticas de correlação e autocorrelação desses campos, é máxima para os pares de moléculas que formam os complexos mais estáveis.
5. A sequência dos bioisóstomos não clássicos, ordenados em função da sua semelhança estrutural, ao contrário dos bioisóstomos clássicos, depende em grande medida dos parâmetros de peso (caraterísticas atómicas), com base nos quais são construídos os campos de informação correspondentes.
6. A influência informativa dos a-aminoácidos no ambiente está correlacionada com a sua essencialidade, o que reflecte o importante papel informativo dos a-aminoácidos nas fases iniciais da abiogénese.
7. A utilização de apenas os parâmetros de vários campos de informação como caraterísticas estruturais das moléculas permitiu-nos resolver eficazmente uma variedade de problemas de "estrutura-propriedade". Foi demonstrado que um fator importante que influencia a ligação de esteróides à globulina de ligação aos corticosteróides e à testosterona é a possível formação de ligações de hidrogénio intermoleculares de fragmentos contendo oxigénio; os modelos mais adequados que descrevem a interação de 1,4-benzdiazepina-2-onas com o local da benzdiazepina na família de receptores GABAcd foram construídos com base em parâmetros de campos de informação escalares e vectoriais, tendo em conta a distribuição de massas e refracções dos átomos; a intensidade

de luminescência dos complexos de P-dicetonato REE pode ser estimada com base nas caraterísticas do potencial, gradiente e divergência do campo de gradiente dos correspondentes campos de informação escalares ponderados pela lipofilicidade.

LISTA DE REFERÊNCIAS

1. *Amosov N.M.* Modelação de sistemas complexos. - K.: Naukova Dumka, 1968. - 88 c.
2. *Blokh I.I.* Conceitos básicos da teoria da informação. - L.: Znanie, 1959. - 28 c.
3. *Zarenin Yu.G.* Códigos de correção para transmissão e processamento de informação. - K.: Technics, 1965. - 170 c.
4. *Kochergin A.N.* Modelação do pensamento. - Moscovo: Gospolitizdat, 1969. - 224 c.
5. *Lerner A. Ya.* Beginnings of Cybernetics. - Moscovo: Nauka, 1967. - 400 c.
6. *Wilson R.* Dispositivos de leitura ótica: Per.s Engl. - M.: Mir, 1969. - 216 c.
7. *Brillouin L.* Ciência e teoria da informação: Per. de Engl. - M.: Fizmatgiz, 1960. - 392 c.
8. *Blushkov V.M.* Pensamento e cibernética // Voprosy philosophii. - 1963. - №1. - C. 36 - 48.
9. *Becker L.M.* Perception and the basis of its modelling. - L.: Nauka, 1964. - 194 c.
10.*Zal'tsberg B.* What is Information // The Concept of Information and Biological Systems. - M.: Mir, 1963. - C. 13 - 23.
11 *Bokarev V.A.* Cybernetics and Military Affairs (Cibernética e Assuntos Militares). - Moscovo: Voenizdat, 1969. - 287 c.
12 *Petrovsky A.V.* Psicologia Geral. - M.: Prosveshchenie, 1970. - 132 c.
13 Petrushenko *L.A.* Self-movement of matter in the light of cybernetics. - M.: Nauka, 1971. - 292 c.
14 . *Seravin L.N.* Information theory from the biologist's point of view. - L.: LGU, 1973. - 160 c.
15 *Vasilieva T.P. As* leis da informação. - M.: Amrita - Rus, 2002. - 320 c.
16 *Shannon K.* Works on information theory and cybernetics: Per. do inglês - M.: IL, 1963. - 829 c.
17 *Brillouin L.* Incerteza científica e informação. - M.: Mir, 1966. - 498 c.
18 *Castler B.* The Emergence of Biological Organisation. - M.: Mir, 1967. - 90 c.
19 . *Thomas D. Schneider* Um Glossário para a Teoria da Informação Molecular. *http://www. lecb. ncifcrf.gov/thoms/glossary. html.*
20 . *Teoria da* informação e suas aplicações. - Moscovo: Fizmatgiz, 1969. - 467 c.
21 *Yaglom A.M., Yaglom I.M.* Probabilidade e informação. - M.: Nauka, 1973. - 511 c.
22 Aplicações *químicas* da topologia e da teoria dos grafos: Traduzido do inglês - M.: Mir, 1987. - 560 c.
23 *Shambabal P.* Desenvolvimento e aplicação do conceito de entropia. - M.: Nauka, 1967. - 245 c.
24 *Kolmogorov A.N.* Três abordagens para a definição do conceito de "quantidade de informação" // Problemas de transferência de informação. - M., 1965. - vol. 1, edição 1. - 534 c.
25 *Kolmogorov A.N.* Às bases lógicas da teoria da informação e da teoria da probabilidade // Problemas de transferência de informação. - M., 1969. - vol. 5, número 3 - 564 p.
26 *Ashby W.* Introduction to Cybernetics. - Moscovo: Izd-wo foreign lit., 1959. - 351 c.
27 *Glushkov V.M.* Cibernética, Pensamento, Vida. - Moscovo: Mysl, 1964. - 326 c.

28 *Harari F.* Teoria dos grafos. - M.: Mir, 1973. - 302 c.
29 . *Wilson R.* Introdução à teoria dos grafos. - M.: Mir, 1977. - 427 c.
30 *Dmitriev I.S.* Molecules without chemical bonds (Moléculas sem ligações químicas). - L.: Khimiya, 1980. - 382 c.
31 *Zhbanov Y.A.* Entropia da informação em química orgânica. - Rostov-on-onu:Izd-vo RSU, 1979. - 56.
32 *Zhbanov Y.A.* Teoria da estrutura dos compostos orgânicos. - Moscovo: Escola Superior, 1971. - 295 c.
33 . Inteligência *Artificial*: aplicações em química / Editado por T. Pierce e B. Honey: Traduzido do inglês - M.: Mir, 1988. - 430 c.
34 *Mazur M.* Teoria qualitativa da informação. - M.: Mir, 1974. - 268 c.
35 *Wiener N.* Cybernetics. - Moscovo: Rádio Soviética, 1968. - 194 c.
36 *Shu-Kun Lin.* Correlação da Entropia com Similaridade e Simetria // J. Chem. Chem. Inf. Comput.Sci. - 1996. - V. 36. - P. 367 - 376.
37. *Dimitris K. Agrafiotis.* Algoritmos estocásticos para maximizar a diversidade molecular // J. Chem. Chem. Inf. Comput. Sci. - 1997. - V. 37. - P. 841 - 851.
38.*Klimontovich Yu.L.* Critérios do grau relativo de ordenação de sistemas abertos // Uspekhi fiz. nauki. - 1996. - т. 166, № 11.
39. *a Orismologia* (ciência da definição das palavras) e os Fundamentos Geométricos da Química. 5. A Heurística da Primazia // J. Chem. Chem. Inf. Comput. Sci. - 1997. - V. 37. - P. 835 - 840.
40 *Gasteiger J., Sadowski J., Schuur J., Selzer P., Steinhauer L., e Steinhauer V.* Informação química no espaço 3D // J. Chem. Inf. Comput. Sci. - 1996. - V. 36. - P. 1030 - 1037.
41 *Dimitris K. Agrafiotis.* Sobre a utilização da teoria da informação para avaliar a diversidade molecular // J. Chem. Chem. Inf. Comput. Sci. - 1997. - V. 37. - P. 576 - 580.
42 *Daniel J. Graham.* Informação e moléculas orgânicas: considerações sobre a estrutura através de estatísticas de números inteiros // J. Chem. Chem. Inf. Comput. Sci. - 2002. - V. 42. - P. 215 - 221.
43 *Shmal'gauzen I.I.* Cybernetic questions of biology (Questões cibernéticas da biologia). - Novosibirsk: Nauka, 1968. - 354 c.
44 *Volkenstein M.V.* Física e Biologia. - M.: Nauka, 1980. - 152 c.
45 *Koptiug V.A.* Estado e perspectivas da utilização de computadores para a resolução de problemas de química orgânica // Zh.-l VHO. - 1985. - т. 30, № 1. - C. 102 - 105.
46 *Gombar V.K., Wadhwa L.* Relações quantitativas estrutura-atividade. IV. Utilização da negentropia molecular como parâmetro estrutural // Arzneimittelforschung. - 1982. - V. 32, Issue 7. http ://reviews.bmn. com/medline.
47 *Kier L.B.* Utilização da negentropia molecular para codificar a estrutura que rege a atividade biológica // J. Pharm. Pharm. Sci. - 1980. - V. 69, Issue 7. http ://reviews .bmn. com/medline.
48 *Godden J.W., Bajorath J.* Descritores químicos com níveis distintos de conteúdo de informação e sensibilidade variável a deferências entre bases de dados de compostos selecionados identificados por análise SE-DES // J. Chem. Chem. Inf. Comput. Sci. - 2002. - V. 42, Issue 1. http://reviews.bmn.com/medline.

49 *Strait B.J., Dewey T.G.* The Shannon information entropy of protein sequences. Biophys. J. - 1996. - V. 71, Issuc 1. http ://reviews.bmn. com/medline.
50 *Wertz S.* Modelo matemático da complexidade molecular // Aplicações químicas da topologia e da teoria dos grafos. - M.: Mir, 1987. - C. 236 - 258.
51. *Magnuson V., Harris D, Beysak S.* Índices topológicos baseados na simetria de vizinhança: aplicações químicas e bioquímicas // Chemical applications of topology and graph theory. - M., "Mir", 1987. - C. 206 - 221.
52. *Rudkevich M.I., Rudkevich D.M., Pyrin A.I.* Aplicação da teoria da informação à química do alcatrão de carvão // Coque e Química, 1986. - №4. - C.30 - 32.
53. *Dembovskiy S.A., Kozmin P.A.* Ordem, desordem e índices de informação geométrica das moléculas // Izv. of AN. Ser. de ciências químicas. - 1996, № 8. - C. 1912 - 1926.
54. *Kozmin, P.A.* Estimativa quantitativa da ordem na disposição espacial dos átomos num sólido // Reports of the Academy of Sciences. - 1995, Vol. 343, No. 2, - P. 205 - 206.
55. *Kozmin, P.A.* Quantitative estimation of the order in the spatial arrangement of atoms in crystals and amorphous bodies // Inorganic Materials. - 1995. - т. 31, № 7. - C. 884 - 887.
56. *Bonchev DG.* Caracterização de estruturas químicas por meio da teoria da informação e da teoria dos grafos: Cand. Dr. de ciências químicas, Universidade Estatal de Moscovo, Moscovo - 1984. - 409 c.
57. *Bonchev D.* Information Theoretic Indices for Characterisation of Chemical Structures // Research Studies Press, Chichester. - 1983. - P. 249.
58. *Kuz'min V.E., Ognichenko L.N., Artemenko A.G.* Modelação do campo informacional das moléculas // J.Mol.Model. - 2001. - № 7. - P. 278 - 285.
59. *Kuzmin B.E., Artemenko A.G., Onishchenko S.V., Ognichenko LN.* Modelação do campo de informação das moléculas // Teses dos relatórios da 1ª Conferência Russa "Modelação Molecular". - Moscovo, 1998. - У 7.
60. *A.G. Artemenko, V.E. Kuz'min, L.A. Ognichenko, S.J. Kuz'min, L.A. Ognichenko, S.J. Onischenko. Onischenko.* Novas Caraterísticas Informativas - Campo de Reconhecimento Molecular para a Resolução de Problemas "Estrutura - Propriedade" // 7th International Conference of Mathematical Chemistry. - Girona (Espanha), 1997. - P. 100.
61. *V.E. Kuz'min, A.G. Artemenko, L.N. Ognichenko Modelação do campo informacional das moléculas // Dutch - Ukrainian International Colloquium on Catalysis. Ognichenko* Modelação do campo informacional das moléculas // Holandês - Colóquio Internacional Ucraniano sobre Catálise. - Kiev, 2000. - P. 20.
62. *Onishchenko C.B., Ognichenko LN* Modelação do campo de informação das moléculas // Proc. da 1ª conferência de jovens cientistas da região sul da Ucrânia. 1 ои conf. de jovens cientistas da região sul da Ucrânia. - Odessa, 1998. - C. 33.
63. *Ogtchenko L.M.* Transformação de parâmetros estruturais de moléculas com base em! ой ix shformatsshnyh po.pv // Proc. de 3 conf. de jovens cientistas de tvdennogo reponu Ukraugnya. - Odessa, 2000. - C. 21.
64. *Ognichenko L.N., Artemenko A.G.* Modelação do campo de informação de uma molécula // Proc. da Terceira! Conferência Ucraniana de Jovens Cientistas Tecnologias de Informação em Ciência, Educação e Tecnologia (ITOHT - 2002). - Cherkasy, 2002. - C. 75 - 78.

65. *Kuzmin V.E., Ognichenko L.N., Artemenko A.G., Lyakhovsky A.L.* Applied possibilities of the information field of a molecule // Proc. da 3ª Conferência Russa "Molecular Modelling". [01]3.ª Conferência de toda a Rússia "Modelação Molecular". - Odessa, 2003. - C. 80.
66. *Ognichenko L.N., Kuzmin V.E.* Conceção natural-científica do campo de informação do objeto material // Teses do seminário "Sistemas e tecnologias de informação". - Odessa, 2003. - C. 42.
67. *Kuzmin V.E., Ognichenko L.N.* Aspectos aplicados do conceito de campo de informação de uma molécula // Resumos do seminário "Sistemas e Tecnologias de Informação". - Odessa, 2003. - C. 41.
68. *Ursul A.D.* Reflexão e Informação. - Moscovo: "Nauka", 1973. - 135 c.
69. *Goldfein I.A.* Análise vetorial e teoria dos campos. - Moscovo: Fizmatgiz, 1962. - 132 c.
70. *Ignatsius G.I.* Teoria dos campos. - Moscovo: Znanie, 1971. - 112 c.
71. *Ogtchenko L.M., Chelombit'ko V.A., Otschenko S.V.* Molecular formazshne field of ch1ralnost1 // Proc. da 5ª conferência de jovens cientistas e estudantes. 5 [01]conf. de jovens cientistas e estudantes no domínio das natividades actuais. - Dnshropetrovsk, 2003. - C. 34.
72. *Kuz'min V.E., Chelombitko V.A., Yudanova I.V., Stelmakh I.B., Rublev I.S.* Stereochemical analysis by simplex representation of molecules // J.Struct.Chem. - 1998. - V. 39, No. 3. - P. 549 - 554.
73. *Alikhanidi S.E., Kuz 'min V.E.* Avaliação quantitativa da quiralidade molecular com base numa abordagem optimizada para comparação de estruturas originais e reflectidas // Dopov. HAH Ukragni. - 1999. - № 3. - C. 138 - 141.
74. *Kuzmin V.E.* Modelação do campo de informação das moléculas. // Dokl. NAS da Ucrânia. - 2000. - № 3. - C. 159 - 163.
75. *Potapov V.M.* Fundamentals of Stereochemistry (Fundamentos da Estereoquímica). - M.: Mir, 1972. - 289 c.
76. *Ognichenko L.N., Kuz'min V.E., Chelombitko V.A.* The Analysis of Molecular "Guest - Host" Complexes Recognition within Molecular Field Concept // Second International Symposium "Molecular Design and Synthesis of Supramolecular Architectures". - Kazan (Rússia), 2002. - P. 68.
77. *Ognichenko L.N., Kuzmin B.E., Chelombit'ko B.A.* Analysis of molecular recognition for "guest-host" complexes within the concept of information field // Ukrainian-Polish-Moldavian Symposium on supramolecular chemistry. - Kiev, 2003. - C. 173 - 175.
78. Software *Hyperchem*. Hypercube, Inc, 1115 NW 4th Street, Gainesville, FL 32601 USA. http://www.hyper.com.
79. *Zefirova O.H., Zefirov NS.* Sobre a história da origem e desenvolvimento do conceito de bioisosterismo. // Vesti. Universidade de Moscovo. Ser.2. Química. - 2002. - T. 43, № 4. - C. 251 - 256.
80. *Hansch C., Fujita T.* Um método para a correlação da atividade biológica e da estrutura química // J. Am. Am. Chem. Soc. - 1964. - V. 86, № 8. - P. 1616 - 1626.
81. *Ognichenko L.N.* Quantitative assessment of isosterism (bioisosterism) of organic compounds based on the concept of information field // Proc. of the International

Conference of Students and Postgraduates "Modern diretions of chemistry development". - Odessa, 2004. - C. 34.
82. *Davison M.* Escalonamento multidimensional. Métodos de apresentação visual de dados. - M.: Finanças e Estatística, 1988. - 254 c.
83. *Ognichenko L.N., Kuzmin V.E., Muratov N.N.* Análise dos campos de informação dos aminoácidos // Proc. da Universidade *Politécnica de Odessa.* Universidade Politécnica de Odessa. - Odessa, 2002. Vol. 2. - C. 228 - 232.
84. *Mekler L.B.* On the Origin of Living Cells: Evolution of Biologically Significant Molecules - Transition of Chemical Evolution to Biological Evolution. Uma nova abordagem ao problema // J. All-Union Chemical Society named after D.I.Mendeleev. - 1980. - т. 25, № 4. - C. 460 - 473.
85. *Morgan H.L.*. The Generation of a Unique Machine Description for Chemical Structures-A Technique Developed at Chemical Abstracts Service // J. Chem. Chem. Doc. - 1965. - 5 (2). - P. 107 - 113.
86. *Shelley C. A., MunkM. E.* Perceção computacional da simetria topológica // J. Chem. Chem. Inf. Comput. Sci. - 1977. - 17 (2). - P. 110 - 113.
87. *Shelley C. A., MunkM. E.* Uma abordagem à atribuição de tabelas de ligações canónicas e perceção de simetria topológica// J. Chem. Chem. Inf. Comput. Sci. - 1979. - 19 (4). - P. 247 - 250.
88. *Uchino M.* Algoritmos para codificação única e inequívoca e perceção de simetria do diagrama de estrutura molecular. I. Função Vetorial para Partição de Automorfismo// J. Chem. Chem. Inf. Comput. Sci. - 1980. - 20 (2). - P. 116 - 120.
89. *Golender V. E., Drboglav V. V., eRosenblit A. B.* Método dos potenciais gráficos e sua aplicação no processamento de informação química // J. Chem. Chem. Inf. Comput. Sci. - 1981. - 21 (4). - P. 196 - 204.
90. *Ruecker G., Ruecker Ch.* Computer perception of constitutional (topological) symmetry: TOPSYM, a fast algorithm for partitioning atoms and pairwise relations among atoms into equivalence classes // J. Chem. Chem. Inf. Comput. Sci. - 1990. - 30 (2). - P. 187 - 191.
91. *Liu Xiaoyu, Balasubramanian K., Munk M. E.* Técnicas computacionais para o particionamento de vértices de grafos // J. Chem. Chem. Inf. Comput. Sci. - 1990. - 30 (3). - P. 263 - 269.
92. *Figueras J.* Automorfismo e classes de equivalência// J. Chem. Chem. Inf. Comput. Sci. - 1992. - 32 (2). - P. 153 - 157.
93. *Razinger M.* Extended Connectivity in Chemical Graphs// Theoret. Chim. Ata (Berl.). - 1982. - 61. -P. 581 - 586.
94. *Skorobogatov B.A., Khvorostov P.V.* Coletânea em: Algorithms for structural information analysis. (Sistemas de computação, 103) / Ed. V.A. Skorobogatov. - Novosibirsk, 1984. - C. 6-26.
95. *Gitlina L.S., Golender V.E., Drboglav V.V. et al.* Methods of Representation and Processing of Structural Information for Analysis of Structure-Activity Relationship (Métodos de Representação e Processamento de Informação Estrutural para Análise da Relação Estrutura-Atividade). - Riga, 1981.
96. *Fowler P.W., Manolopoulos D.E.*. An Atlas of Fullerenes. - Oxford: Clarendon Press,

1995.
97. *Kuzmin B.E., Zheltvai A.I., Chelombit'ko B.A., Alikhanidi S.E.* Stereoanalysis of fullerenes with chiral molecular backbone // J. Structural Chemistry. - 2005. - T.46, № 5. - C. 945 - 952.
98. *Sukhachev D.V., Pivina T.S., Shlyapochnikov V.A., Petrov E.A., Palulin V.A., Zefirov N.S.* Investigação das relações quantitativas "estrutura - sensibilidade ao impacto" de substâncias orgânicas poliazotizadas // Dokl. RAS. - 1993. - т. 328, № 2. - C. 50 - 51.
99. Manual do utilizador do *CODESSA* PRO // Universidade da Florida, 2003.
100. *Seel M., Turner D.B., Wilett P.* HQSAR - uma técnica QSAR altamente preditiva baseada em hologramas moleculares // QSAR. - 1999. - V. 18. - P. 245 - 252.
101. *Hurst T., Heritage T.* HQSAR - Uma técnica QSAR altamente preditiva baseada em hologramas moleculares // 213th ACS Natl. Reunião, São Francisco, CA. - 1997. - P. 19.
102. *Cramer R.D., Patterson D.E., Bunce J.D.* Análise Comparativa de Campo Molecular (CoMFA). 1. Efeito da ligação da forma às proteínas transportadoras // J.Am.Chem.Soc. - 1988. - V. 110, № 18. - P. 5959 - 5967.
103. *Merz A., Rognan D.* CoMFA: Âmbito e Limitações. Em 3D QSAR in Drug Design / Ed. H.Kubinyi . - ESCOM: Leiden, 1993. - P. 583 - 618.
104. *Förster E., Röntz B.* Métodos de análise de correlação e regressão // M.: Finanças e Estatística, 1983. - 244 c.
105. Estatística Matemática / V.M. Ivanova, V.N. Kalinina, L.A. Neshumova, I.O. Reshetnikova; Editado por A.M. Dlin. - Moscovo: Escola Superior, 1975. - 398 c.
106. *Good A.C., Sung-Sau So, Richards W.G.* Relações entre estrutura e atividade a partir de matrizes de semelhança molecular // J.Med.Chem. - 1993. - V. 36. - P. 433 - 438.
107. *Good A.C., Peterson J.S., Richards W.G.* QSAR's from Similarity Matrices. Validação da Técnica e Aplicação na Comparação de Diferentes Métodos de Avaliação de Similaridade // J.Med.Chem. - 1993. - V. 36. - P. 2929 - 2937.
108. *Artemenko A.G.* Análise da relação estrutura-propriedade com base em modelos de treliça molecular. Dne. ... Cand. de ciências químicas: 02.00.03. - Odessa, 2000. -151 c.
109. *Kuz'min V.E., Artemenko A.G, Kovdienko N.A., Tetko I.V., Livingstone D.J.*. Modelo de rede para estudos QSAR // J. Mol. Mol. Modeling. - 2000. - № 6. - P. 517 - 526.
110. *Burkert W., Ellinger H* Mecânica Molecular: Per. com Inglês - M.: Mir, 1986.
111. *Kuz'mt, V.S.; Ogtchenko, L.M.* Modelação do campo de dados de comunicação de água e sua aplicação na resolução de problemas QSAR // Vknik da Universidade Nacional de Odessa. (edição "Ch1m1ya"). - 2003. - T. 8, № 7. - C. 117 - 123.
112. *Ogtchenko L.M.* Model of the formatzsch field of water links i 11 application for solving QSAR problems // Proc. of the 5th conference of young scientists of the Ukrainian State University of Regions // Proc. of the 5th conference of young scientists of the Ukrainian State University of Regions. ой5.ª Conf. de jovens cientistas da região ucraniana. - Odessa, 2002. - C. 48.
113. *Johansen A. V.* A regra do produto das funções ácido-base das moléculas na sua associação por ligações de hidrogénio em soluções em CC14 // Teorética e química experimental. - 1971. - Vol. 7. 3. - C. 302 - 311.

114. *Kuzmin VE, Artemenko AG, Ognichenko LN, Voliansky VE, Gotsulyak LE, Sidelnikova TA, Kuzmina AV Uma* nova abordagem para prever a atividade biológica de derivados de 1,4-benzdiazepinas como componentes na terapia complexa do AVC // Vest. mor. med. - 2002. - № 3. - C. 47 - 51.
115. *Winkler D.A., Frank R.B., Watkins A.J.R.*. Índices Topológicos Atomísticos Aplicados a Benzodiazepinas usando Vários Métodos de Regressão // Quant. Struct.-Act. Relat. - 1998. - V. 17. - P. 14 - 19.
116. *D Dicetonatos de* metais / Editado por Spitsyn V.I. - M.: Nauka, 1978. - 123 c.
117. *Problemas de* química e aplicação de P-dicetonatos metálicos / Editado por Spitsyn V.I. - M.: Nauka, 1982. - 264 c.
118. Química *teórica* e aplicada dos P-dicetonatos metálicos / Editado por Spitsyn V.I. e Martynenko L.I. - M.: Nauka, 1985. - 271 c.
119. *Poluektov N.S., Kononenko L.I., Efryushina N.P., Beltyukova S.V.* Spectrophotometric and luminescent methods for determination of lanthanides. - K.: Naukova Dumka, 1989. - 256 c.
120. *Marov I.N., Kostromina N.A.* EPR and NMR in the chemistry of coordination compounds. - Moscovo: Nauka, 1979. - 268 c.
121. *Dubrovsky T.B., Chudinov A.V., Savitsky A.P., Timofeeva TV, Struchkov Y.T.* Utilização da mecânica molecular para calcular a estrutura molecular de complexos de oito coordenadas de európio // Izv. RAS Sciences. Ser. chem. 1993. - № 9. - C. 1555 - 1559.
122. *Rusakova N.V., Topilova Z.M., Meshkova S.B.* Relação entre a estabilidade e as caraterísticas espetro-luminescentes dos P-dicetonatos de neodímio, samário e európio e as propriedades dos ligandos // Zhury. neorg. chemii. - 1992. - T.37, № 1. - C. 116 - 120.
123. *Rusakova N.V., Meshkova S.B., Venchikov V.Ya.* Sobre a relação entre o rendimento quântico e a duração da luminescência dos complexos de P-dicetonato de neodímio com
propriedades dos ligandos // Jury. of Applied Spectroscopy. - 1992. - T. 56, № 5 - 6. - C. 799 - 804.
124. *Topilova Z.M., Meshkova S.B., Bolshoi D.V.* Luminescência infravermelha de iões de itérbio em complexos com P-dicetonas contendo flúor // Zhury. química neorgânica. - 1997. - T. 42, № 1. - C. 99 - 104.
125. *Meshkova S.B., Topilova Z.M., Lozinsky M.O.* Quenching of lanthanide luminescence in complexes with P-diketones containing various fluorinated radicals // Zhury. prikl. spectroscopii. - 1997. - T. 64, № 2. - C. 217 - 221.
126. *Meshkova S.B., Shapiro Y.E., Kuzmin V.E.* Conformational analysis of lanthanum(SH) and neodymium(SH) complexes with perfluoro-P-diketones // Coord. chem. - 1998. - T. 24, № 9. - C. 714 - 718.
127. *V.E. Kuz'min, L.N. Ognichenko, A.G. Artemenko, S.B. Meshkova. Meshkova.* Relações de uma emissão luminescente de complexos de lantanídeos de P-dicetonas com parâmetros de um campo informativo destas moléculas // Resumos da XX Intern. Conf. Chugaev sobre "Química de Coordenação". - Rostov-on-Don, 2001. - C. 543 - 544.
128. *Rappe A.K., Casewit C.J., Colwell K.S., Goddart W.A., Skiff W.M.* UFF, um campo de força completo da tabela periódica para simulações de mecânica molecular e dinâmica molecular // J. Am.Chem. Am.Chem. Soc. - 1992. - V.114. - P. 10024 - 10035.

APÊNDICE A

Mapas de parâmetros dos campos de informação das moléculas hospedeira (h) e hóspede (g)

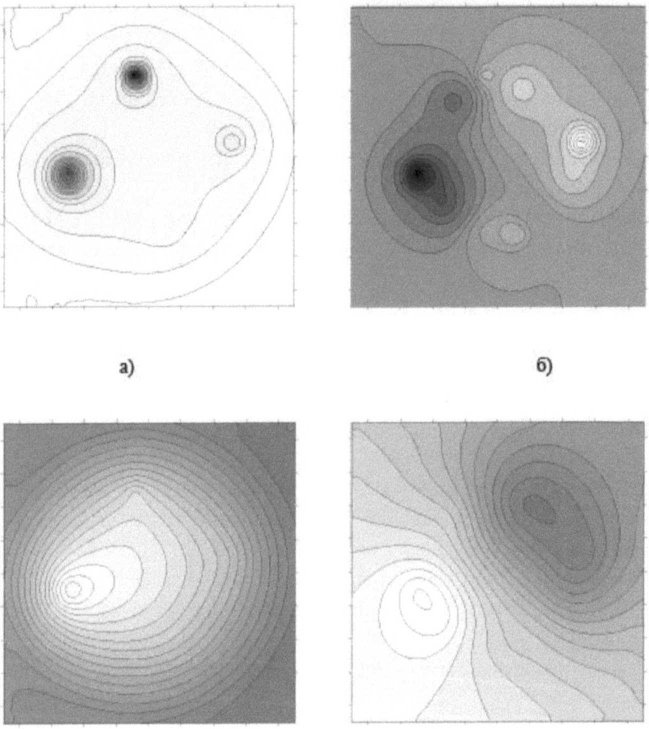

a) б)

в) г)

$_h$Mapas de parâmetros do campo de divergência parâmetros de divergência da distribuição da massa atómica gradiente IP (a) e "cargas estereoquímicas" (b), parâmetros da distribuição da massa atómica potencial IP (c) e "cargas estereoquímicas" (d) para a molécula hospedeira R .

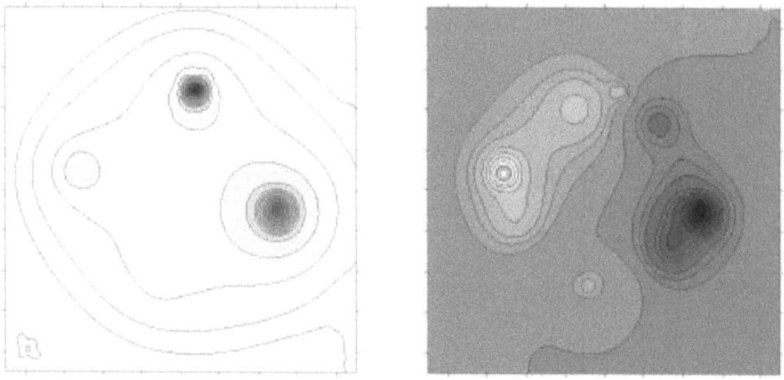

а)　　　　　　б)

в)　　　　　　г)

$_h$Mapas de parâmetros do campo de divergência parâmetros de divergência da distribuição da massa atómica gradiente IP (a) e "cargas estereoquímicas" (b), parâmetros da distribuição da massa atómica potencial IP (c) e "cargas estereoquímicas" (d) para a molécula hospedeira S .

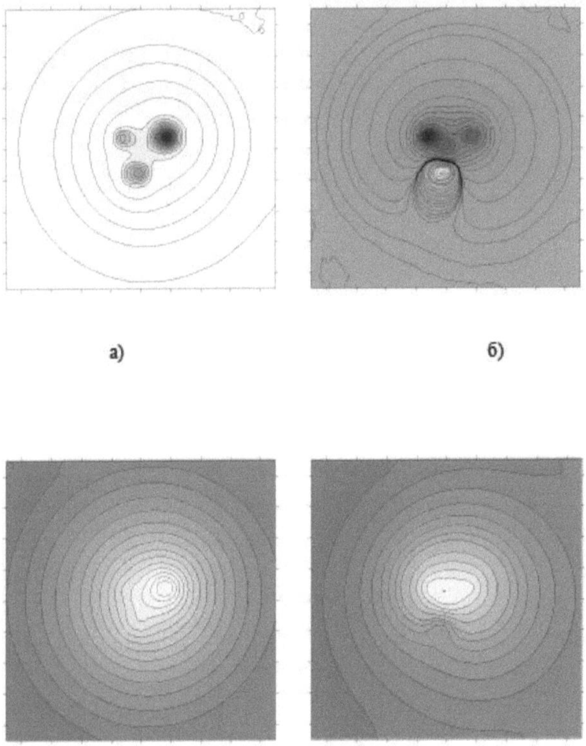

$_{g}$Mapas de parâmetros do campo de divergência parâmetros de divergência da distribuição de massa atómica gradiente IP (a) e "cargas estereoquímicas" (b), parâmetros da distribuição de massa atómica potencial IP (c) e "cargas estereoquímicas" (d) para a molécula hóspede R .

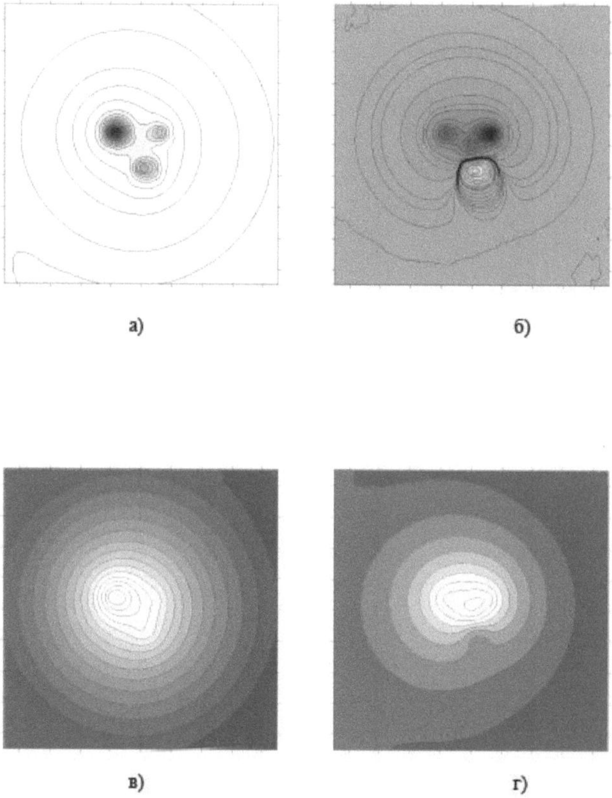

gMapas de parâmetros do campo de divergência parâmetros de divergência da distribuição da massa atómica gradiente IP (a) e "cargas estereoquímicas" (b), parâmetros da distribuição da massa atómica potencial IP (c) e "cargas estereoquímicas" (d) para a molécula hóspede S .

APÊNDICE B
Estruturas de esteróides

Структуры стероидов

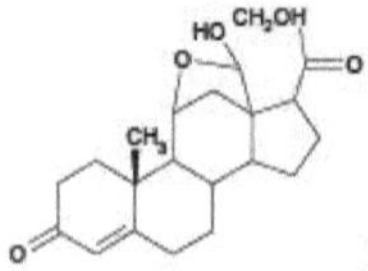
1

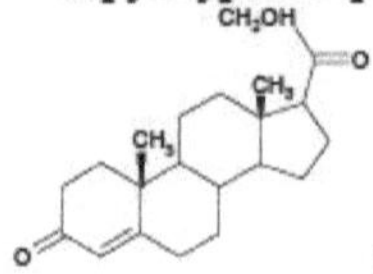
2

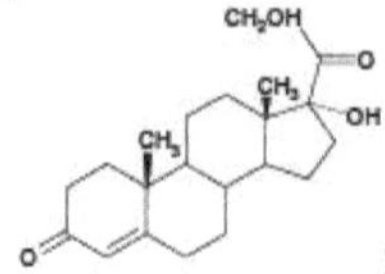
3

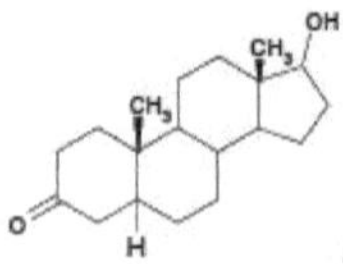
4

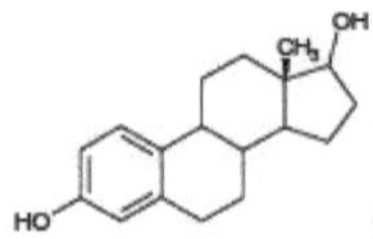
5

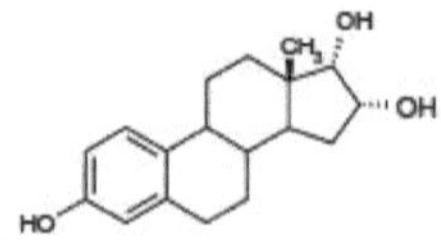
6

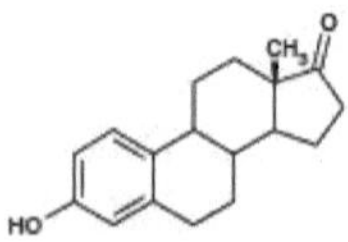
7

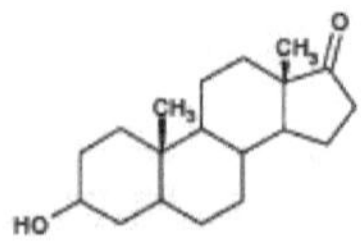
8

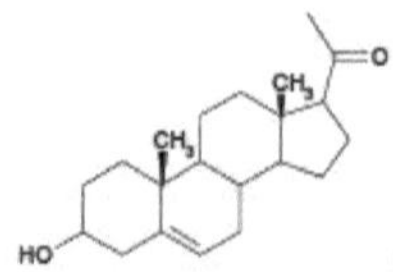
9

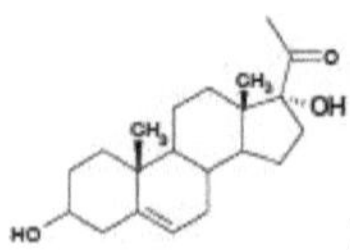
10

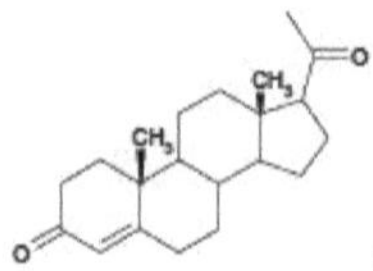
11

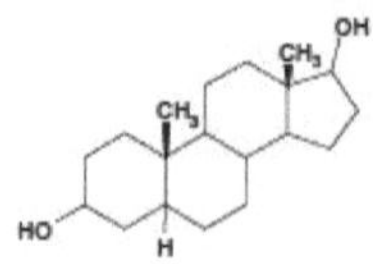
12

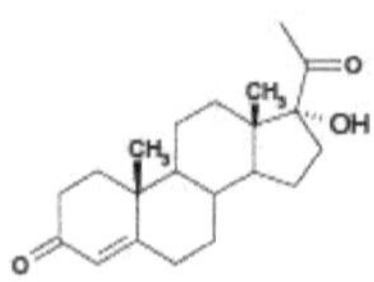
13

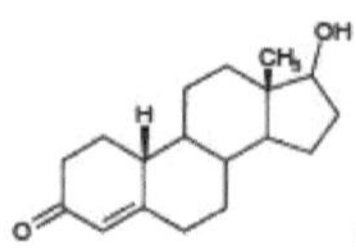
14

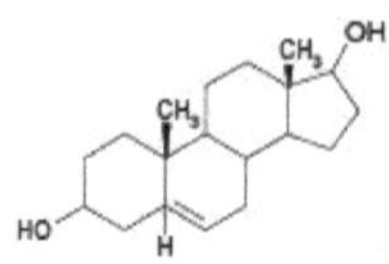
15

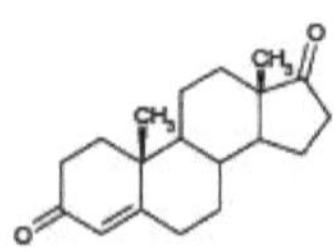
16

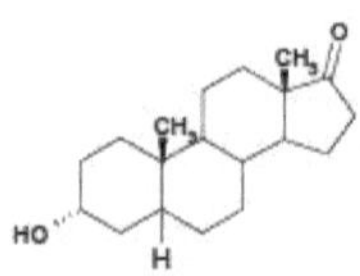
17

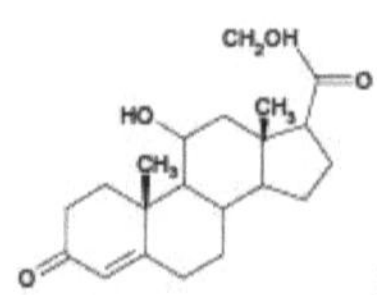
18

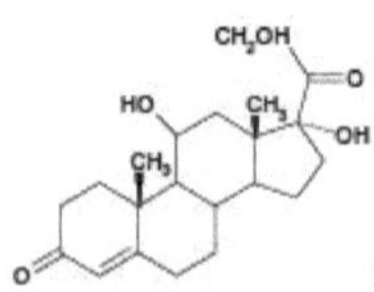
19

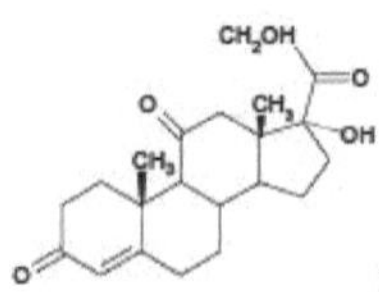
20

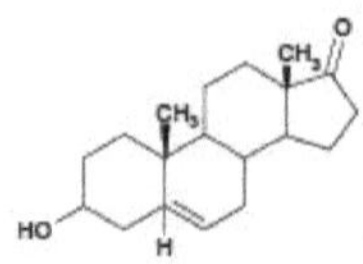
21

MIX
Papier aus verantwortungsvollen Quellen
Paper from responsible sources
FSC® C105338

Printed by Books on Demand GmbH, Norderstedt / Germany